高みからのぞく 大学入試数学 下巻

現代数学の序開

石谷 茂 著

現代数学社

本書は 1990 年 11 月に小社から出版した

『大学入試数学の五面相　下』

を書名変更・リメイクし、再出版するものです。

序　文

　この本には，百面相とはいかないまでも，5面相はあるだろうとの
自負を持っている．第1の面は大学入試問題の高い数学からの展望…
それがおのずから数学への興味の喚起となって第2の面へうつり，入
試問題の予想といった余録もついて第3の面を作る．第4の面は現代
数学へ触手をのばす契機を与えることである．「いままで，モヤモヤ
していたことがスカッとわかった」の感嘆の声を期待しつつくふうし
た解説を第5面相に加えることを許して頂こう．

　これらの5面相を支えている基本的志向は，ちまたに溢れている参
考書へのささやかなる抵抗と，それからの解放である．問題解法のテ
クニックはあっても，それを底辺で支える数学の不在，テスト万能主
義に明け暮れて，すりへった琴線に快いメロデーを回復させたいとの
願望．「学ぶとは驚きである」というのが著者の信念であり，本書は，
その具現の第1歩のつもりである．

　驚くことは，野性への回帰，開眼であり，探求心と競合しつつ増大
するものである．数学には，こんな学び方もあるのか，数学にはこん
な深みがあるのか，数学とはこんなにからみ合っているのか，数学に
はこんな発展もあるのか，数学にはこんな記号の使い方もあるのか，
数学にはこんな解き方もあるのか，などなど．

　1本の糸の張りとたるみのかなたをみつめる目に，全身をふるわせ
て答える大空のタコ．その手作りのタコに似た本でありたいと願う．

著　者

目　　次

序　　文

1. 平均の一般化と不等式

　平均のうち最も簡単で，応用の広いのは，2数の相加平均（算術平均）

$$M=\frac{a+b}{2}$$

である．これに関しては，よく知られている大小関係

（1）　$\min\{a,b\}\leqq\dfrac{a+b}{2}\leqq\max\{a,b\}$

がある．等号は $a=b$ のときに限って成り立つ．

　これを一般化することによって，興味あるいろいろの不等式を導くのが，この章の目標である．

　数学の研究，数学の学び方は多面的であって，類型化が簡単にできるとは思わないが，論理的にみて，特殊化と一般化は，古代ギリシャ以来，かなり定式化された方法である．

　推論でみれば，特殊化には演繹法が対応し，一般化には帰納法が対応するだろう．しかし，帰納法とアナロジー（類推法）とは似ており，紙一重の違いのこともあるから，一般化には，アナロジーも対応させておくのが実際的であろう．

$$研究\begin{cases}特殊化 — 演繹法\\一般化\begin{cases}帰納法\\アナロジー\end{cases}\end{cases}$$

　発見，創造のためには，特殊化よりは，一般化の方が強力である．

　以上は，数学に限らず，すべての学問に共通であるが，一般化の手段を具象化した場合，数学には，他の学問にはみられない

　　　　　　無限化　　　極限化

といった手法があるので，常識を越えた，ときには常識を裏切るような結果が出て，数学者自身おどろく場合もある．あとで試みるように，

サルまねというな．アナロジーといえ！

相加平均の累乗化，さらにその極限化によって相乗平均を導くなどは，そのよい例であろう．

▓ 第1歩——加 重 化 ▓

$\dfrac{a+b}{2}$ は $\dfrac{1\cdot a+1\cdot b}{1+1}$ とみられる．ここで，1を任意の実数へ拡張すると

$$\frac{la+mb}{l+m}$$

ただし，分母が0では困るから，条件として $l+m \neq 0$ が必要である．

l, m をそれぞれ a, b の**重み**（weight）といい，この平均を**加重相**

加平均という.

　l, m が任意の実数であると $\max(a, b), \min(a, b)$ との大小関係は定まらないが, l, m を非負の実数に制限すると, (1) の不等関係が保存される.

　(2)　$l, m \geqq 0$ で, l, m の少なくとも 1 つは 0 でないとき

$$\min\{a, b\} \leqq \frac{la + mb}{l + m} \leqq \max\{a, b\}$$

　等号の成立は前よりも複雑で, $a \neq b$ であっても, l, m に 0 があれば成り立つことがある. たとえば $a > b$ ならば, $m = 0$ のときに右側の等号が成り立つ.

　l, m を正の数に制限すれば, 等号の成り立つのは $a = b$ のときに限られる.

　幾何学的にみると

$$\frac{la + mb}{l + m}$$

は, 2 点 $A(a), B(b)$ を結ぶ線分を $m : l$ に分ける点 P の座標である.

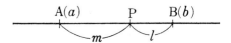

　l, m が非負のとき P は線分 AB 上にあることを示すのが (2) の不等式である.

　加重平均の式の簡素化として $\frac{l}{l + m} = p, \frac{m}{l + m} = q$ とおくことが広く行なわれている. この置きかえによって, p, q の間に等式

$$p + q = 1$$

が追加される.

　それから, $p, q \geqq 0$ のときは p, q は 1 を越えることがなく, (2) は

次の不等式に変わる.

(3) $p,q\geqq 0$, $p+q=1$ のとき

$$\min\{a,b\}\leqq pa+qb\leqq\max\{a,b\}$$

次に，簡単な応用例を挙げてみる.

────── 例題1 ──────

実数 a,b,x,y が

$$a+b=1,\ ax+by=4,\ \max\{x,y\}=3$$

をみたすならば，a,b のうち少なくとも一方は負の数であることを証明せよ.

──────────────────────

先の予備知識が頭に浮ばないとすれば，与えられた不等式を a,b について解いてみるのが1つの解き方である.

$$a+b=1 \tag{①}$$

$$ax+by=4 \tag{②}$$

②−①×y から　　　$a(x-y)=4-y$

$x=y$ とすると，$4=y$, これは $\max\{x,y\}=3$ に反するから $x-y\neq 0$

$$\therefore\ a=\frac{4-y}{x-y} \tag{③}$$

同様にして

$$b=\frac{4-x}{y-x} \tag{④}$$

ここで，背理法による.　a,b がともに非負であるとすると矛盾が起きることを示せばよい.

③で $a\geqq 0$, $4-y>0$ から $x-y>0$

④で $b\geqq 0$, $4-x>0$ から $y-x>0$

$x-y>0$ と $y-x>0$ は矛盾

　　　　　　　×　　　　　　　　　　　　　×

予備知識を用いれば，こんなやっかいなことはしなくてよい．

証明の方針　$a,b≧0$ ⇒ 矛盾　は前と同じ．

$a,b≧0$, $a+b=1$ ならば $ax+by$ は x,y の加重平均であるから

$$ax+by≦\max\{x,y\}　　　　∴　4≦3　矛盾$$

アッという間に証明が終った．

▧ 第2歩——多　項　化 ▧

いままでの平均は2数 a,b についてであったが，これを3文字へ拡張するのはやさしい．

(4)　$l,m,n≧0$, $l+m+n≠0$ のとき

$$\min\{a,b,c\}≦\frac{la+mb+nc}{l+m+n}≦\max\{a,b,c\}$$

等号がいつ成立するかは，証明にもどってみればはっきりする．

たとえば $\max\{a,b,c\}=a$ とすると

$a=a$　から　$la=la$

$b≦a$　から　$mb≦ma$

$c≦a$　から　$nc≦na$

∴　$la+mb+nc≦(l+m+n)a$

$l+m+n>0$ だから　　$\dfrac{la+mb+nc}{l+m+n}≦a$

この証明をみると，等号が成り立つ場合はいろいろある．しかし，$l,m,n>0$ ならば，等号の成り立つのは $a=b=c$ のときに限る．

(5)　$p,q,r≧0$, $p+q+r=1$ のとき

$$\min\{a,b,c\} \leqq pa+qb+rc \leqq \max\{a,b,c\}$$

これらの不等式を，n 個の文字の場合へ拡張することは読者におまかせしよう．

入試問題から応用例を挙げてみる．

────── 例題2 ──────────────────────

$x\geqq 0,\ y>0,\ z\geqq 0,\ a>b>c$ で

$$(x+y+z)^2=ax+by+cz$$

とする．$s=x+y+z$ とおくとき，s,a,c のあいだの大小関係をしらべよ． （東北大）

───────────────────────────────────

　1文字を消去するのも1つの解き方ではあるが，この種の問題の解き方としては一般性に乏しく，義理でもエレガントとはいえない．

　x,y,z は非負でしかも $x+y+z\neq 0$ であることに目をつけ，a,b,c の加重平均

$$\frac{ax+by+cz}{x+y+z}$$

を連想したいものである．

　数学は連想ゲームのようなものである．与えられた課題に対して，実り多い数学的内容を，豊富に，しかも，迅速に連想するものが勝つ．

　$a>b>c$ から，a,b,c の最大値は a，最小値は c，したがって

$$c\leqq\frac{ax+by+cz}{x+y+z}\leqq a$$

ここで，与えられた条件 $x+y+z=s$，$ax+by+cz=s^2$ を代入すると

$$c\leqq s\leqq a$$

その連想力を数学に生かしたまえ.

　等号の成立が気になる. a,b,c は等しくないから, 等号の成立はも
っぱら x,y,z が 0 になる場合から起きる.

　$c=s$ となるのは $x=y=0$ の場合. ところが仮定によって $y>0$ だ
から, この場合は起きない.

　$s=a$ となるのは $y=z=0$ の場合. これも $y>0$ があるために起
きない.

　結局 $c<s<a$ が答である.

　こんな問題で, つまづいた学生が多かったとは残念至極. 階段を 1
つ登って, 振り返ればよかったものを. 同じ次元で, 3,000 題練習と
は, 悲しい指導法の現実である.

▨ 第3歩——分 数 化 ▨

たとえば

$$\min\{a,b\} \leqq \frac{la+mb}{l+m} \leqq \max\{a,b\}$$

で, a,b をそれぞれ $\dfrac{a}{l}, \dfrac{b}{m}$ で置きかえてみると

$$\min\left\{\frac{a}{l},\frac{b}{m}\right\} \leqq \frac{a+b}{l+m} \leqq \max\left\{\frac{a}{l},\frac{b}{m}\right\}$$

となって, 分数の大小関係に変わる. ただし, l,m は正の数である.

この定理は分数が3つ以上であっても同じことだから, 定理は3つの場合を挙げておく.

(6) $l,m,n>0$ のとき

$$S \leqq \frac{a+b+c}{l+m+n} \leqq L$$

ただし S,L はそれぞれ $\dfrac{a}{l}, \dfrac{b}{m}, \dfrac{c}{n}$ の最小値, 最大値を表わす.

分母が正のいくつかの分数があるとき, 分母どうし, 分子どうしを加えて, 1つの分数を作れば, その分数は, もとの分数の最小のものと最大のものの間にあることを示す.

小学生に分数の加法の問題 $\dfrac{2}{3}+\dfrac{4}{5}$ を出すと, ときたま $\dfrac{2+4}{3+5}=\dfrac{6}{8}=\dfrac{3}{4}$ と答えるものがいるそうだが, この誤答は, もとの2つの分数の間にある.

$$\frac{2}{3} < \frac{2+4}{3+5} < \frac{4}{5}$$

さて定理の等号であるが, これは, (4)の不等式からみて, $\dfrac{a}{l}, \dfrac{b}{m}, \dfrac{c}{n}$ がすべて等しいときに限る. 念のため差をとって確かめよ. このときは

先生！ たせばいいんでしょう. デモ, シカシ …….

$$\frac{a}{l}=\frac{b}{m}=\frac{c}{n}=\frac{a+b+c}{l+m+n}$$

となって, 古典的定理——**加比の理**が現われる.

定理 (6) の図解をくふうしてみる.

l, m, n を横軸方向にとり, a, b, c を縦軸方向にとる. l, m, n は正の数だから, 図の $\mathrm{A'}, \mathrm{B'}, \mathrm{C'}, \mathrm{D'}$ はつねにこの順にある.

$\dfrac{a}{l}, \dfrac{b}{m}, \dfrac{c}{n}$ は有向線分 $\mathrm{AB}, \mathrm{BC}, \mathrm{CD}$ の傾きを表わし, $\dfrac{a+b+c}{l+m+n}$ は有向線分 AD の傾きを表わす. したがって (6) の不等式から, AD の傾きは, $\mathrm{AB}, \mathrm{BC}, \mathrm{CD}$ の傾きの最小値と最大値の間にあることがわかる.

そして, 2つの等号は $\mathrm{AB}, \mathrm{BC}, \mathrm{CD}$ が1直線をなして AD に重なるとき, 同時に成り立つ.

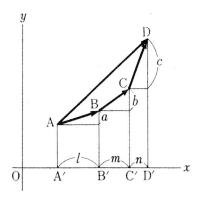

それから，A', D' 間の分点を限りなく増した場合を想像し，折れ線 ABCD が曲線になった極限を考えよう．

曲線を表わす関数 $f(x)$ が A', D' 間で微分可能とすると

$$\min f'(x) \leqq AD \text{ の傾き} \leqq \max f'(x)$$

A', D' の座標をそれぞれ x_1, x_2 とすれば

$$\min f'(x) \leqq \frac{f(x_2) - f(x_1)}{x_2 - x_1} \leqq \max f'(x)$$

この式から

$$\frac{f(x_2) - f(x_1)}{x_2 - x_1} = f'(\alpha)$$

をみたす $\alpha \ (x_1 < \alpha < x_2)$ の存在が予想されよう．これが，有名な**平均値の定理**である．

定理(6)をズバリ適用できる入試問題としては，29ページに練習問題の3を挙げておいた．

▨ 第4歩——平均の累乗化 ▨

入試問題の実例から話をはじめる．

—— 例題 3 ——

つぎの式の大小をくらべよ.

$$\frac{a+b}{2}, \quad \sqrt{\frac{a^2+b^2}{2}}, \quad \sqrt[3]{\frac{a^3+b^3}{2}}$$

（明治大）

似た問題が, ほかにもたくさんある.

—— 例題 4 ——

a, b が異なる正の数のとき, つぎの式の大小を定めよ.

$$\frac{a+b}{2}, \quad \frac{2ab}{a+b}, \quad \sqrt{ab}, \quad \sqrt{\frac{a^2+b^2}{2}}$$

（工学院大）

これらの問題には, 平均を累乗へ拡張したものがみられる. $\frac{a+b}{2}$ の a, b の a^2, b^2 にかえると, 次元が変わるから, 平方根を求めて, もとの次元にもどしたのが, 第 2 の平均

$$\sqrt{\frac{a^2+b^2}{2}} = \left(\frac{a^2+b^2}{2}\right)^{\frac{1}{2}} \qquad ①$$

である.

この平均は, 統計において, 偏差の平均の計算に応用されている.

明治大の第 3 式は, $\frac{a+b}{2}$ の a, b を a^3, b^3 で置きかえ, 3 乗根をとったもので, やはり平均の拡張とみられる.

$$\sqrt[3]{\frac{a^3+b^3}{2}} = \left(\frac{a^3+b^3}{2}\right)^{\frac{1}{3}} \qquad ②$$

工学院大の第 2 式は調和平均と呼ばれるもので, $\frac{2ab}{a+b} = m$ とおくと

$$\frac{1}{m} = \frac{1}{2}\left(\frac{1}{a} + \frac{1}{b}\right)$$

となって, a, b の逆数の相加平均は, m の逆数に等しい. この式は負

の数の累乗によって

$$m=\left(\frac{a^{-1}+b^{-1}}{2}\right)^{\frac{1}{-1}} \qquad ③$$

と表わしてみると，①,② に似てくる.

　これらの例から，一般に，$\frac{a+b}{2}$ は a,b を a^t,b^t で置きかえたあと
で，t 乗根を求めることによって，平均の一般化

$$\left(\frac{a^t+b^t}{2}\right)^{\frac{1}{t}}$$

がえられることにきづくだろう．これを t 次の**累乗平均**という．この
平均は t によって定まるから M_t によって表わし，この性質をさぐっ
てみる.

$$M_t=\left(\frac{a^t+b^t}{2}\right)^{\frac{1}{t}} \quad (a,b>0)$$

×　　　　　　　　×

　最初に，a,b の最大値，最小値との大小関係，すなわち

$$\min\{a,b\}\leqq M_t\leqq\max\{a,b\} \qquad ④$$

が保存されるかどうかをみよう.

　$\max\{a,b\}=\alpha$ とおくと　$a\leqq\alpha,\ b\leqq\alpha.$　$t>0$ のとき　$f(x)=x^t$
$(x>0)$ は単調増加関数だから　$a^t\leqq\alpha^t,\ b^t\leqq\alpha^t$

$$\therefore\quad \frac{a^t+b^t}{2}\leqq\alpha^t$$

また $t>0$ のとき $f(x)=x^{\frac{1}{t}}$ $(x>0)$ も単調増加関数だから

$$M_t=\left(\frac{a^t+b^t}{2}\right)^{\frac{1}{t}}\leqq(\alpha^t)^{\frac{1}{t}}=\alpha$$

　最小値の方も同様にして証明できるから，④ は $t>0$ のときは成り
立つことがわかった.

次に，$t<0$ のときを検討しよう．

$t=-s$ とおくと $s>0$

$$M_t=M_{-s}=\left(\frac{a^{-s}+b^{-s}}{2}\right)^{-\frac{1}{s}}$$

$$\frac{1}{M_t}=\left\{\frac{\left(\frac{1}{a}\right)^s+\left(\frac{1}{b}\right)^s}{2}\right\}^{\frac{1}{s}}\geqq\min\left\{\frac{1}{a},\frac{1}{b}\right\}=\frac{1}{\max\{a,b\}}$$

$$\therefore\quad M_t\leqq\max\{a,b\}$$

最小値の方も同様にして証明される．

結局，次の定理があきらかになった．

(7)　$a,b>0$，t は 0 でない実数のとき

$$\min\{a,b\}\leqq M_t\leqq\max\{a,b\}$$

等号は $a=b$ のときに限って成り立つ．

×　　　　　　　　　×

次に $p<q$ のとき M_p と M_q の大小はどうであろうか．これを一般的にみるには，M_t を t の関数とみて，微分法によって，増減をみればよいのだが，微分すると一層複雑な式になってもてあます．

そこで具体例にもどってみる．具体例は発見の大地と知るべし．

$$M_1=\frac{a+b}{2},\quad M_2=\left(\frac{a^2+b^2}{2}\right)^{\frac{1}{2}},\quad M_3=\left(\frac{a^3+b^3}{2}\right)^{\frac{1}{3}}$$

M_1 と M_2 は共に平方して差をとる平凡な方法によって大小が判定される．

$$M_1{}^2-M_2{}^2=-\frac{(a-b)^2}{4}\leqq0$$

$$\therefore\quad M_1\leqq M_2$$

具体例は発見の大地と知るべし.

M_2 と M_3 は共に 6 乗したあとで差をとる. 途中のやっかいな計算は読者におまかせし, 結果を示すと

$$M_2{}^6 - M_3{}^6 = -\frac{(a-b)^2}{8}(a^4 + 2a^3b + 2ab^3 + b^4) \leqq 0$$

$$\therefore \quad M_2 \leqq M_3$$

これらの例から, 一般に

$$p < q \quad \text{のとき} \quad M_p \leqq M_q$$

となることが予想できる.

　しかし, その証明を上のような計算にモノをいわせた腕ずくの方法に頼っていたのでは, 成功の見込みがうすい. ここで頭を切りかえよ. いわゆる**思考転換**を行なう. デボノ氏が主張するところの**点的思考**へもどってみるのだ.

数学の勉強もこの要領で……．

M_p と M_q を直接くらべるのはやっかいだから，M_1 を媒介として試みる．

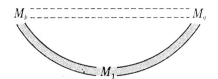

　最近は恋愛結婚時代で，仲人の必要がとみに減ったが，数学では無視できない．これ一般の場合を特殊な場合を利用して解決するもので，"一歩退いて二歩進む"論法である．進むことのみを知って，退くことを知らない将は名将に価しない．

$$M_1 \leqq M_r \quad (r>1)$$

$$\frac{a+b}{2} \leqq \left(\frac{a^r+b^r}{2}\right)^{\frac{1}{r}}$$

両辺を r 乗すると

$$\left(\frac{a+b}{2}\right)^r \leqq \frac{a^r + b^r}{2} \qquad\qquad ①$$

これは関数 $f(x)=x^r$ $(r>1)$ が $x>0$ において下に凸であること
から，たやすく導かれる．

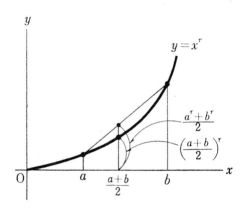

　凸関数と不等式については，次の章でくわしく考えることにして，
ここではグラフから導くにとどめる．

　さて，$0<p<q$ のとき

$$M_p \leqq M_q \qquad\qquad ②$$

すなわち

$$\left(\frac{a^p + b^p}{2}\right)^{\frac{1}{p}} \leqq \left(\frac{a^q + b^q}{2}\right)^{\frac{1}{q}}$$

を証明したい．それには，両辺を q 乗した

$$\left(\frac{a^p + b^p}{2}\right)^{\frac{q}{p}} \leqq \frac{a^q + b^q}{2}$$

を証明すればよい．それには a,b を $a^{\frac{1}{p}}, b^{\frac{1}{p}}$ でおきかえた

$$\left(\frac{a+b}{2}\right)^{\frac{q}{p}} \leqq \frac{a^{\frac{q}{p}} + b^{\frac{q}{p}}}{2} \qquad\qquad ③$$

を証明すればよい.

ところが, ここで $\dfrac{q}{p}=r$ とおいてみると ① の式に一致する. しかも $0<p<q$ だから $r>1$. ① が成り立ち, したがって ③ が成り立つ.

上の推論を逆にたどることによって ② が成り立つ.

これで, p,q が正のときは $p<q$ ならば ② の成り立つことが証明された.

残っているのは $p<q<0$ の場合である. このときは $p=-u$, $q=-v$ とおくと, $0<v<u$ となるから, u,v については $M_v \leqq M_u$, これが使えそうである.

証明するのは $M_p \leqq M_q$ すなわち $M_{-u} \leqq M_{-v}$

$$\left(\frac{a^{-u}+b^{-u}}{2}\right)^{-\frac{1}{u}} \leqq \left(\frac{a^{-v}+b^{-v}}{2}\right)^{-\frac{1}{v}}$$

それには

$$\left(\frac{a^{-u}+b^{-u}}{2}\right)^{\frac{1}{u}} \geqq \left(\frac{a^{-v}+b^{-v}}{2}\right)^{\frac{1}{v}}$$

を証明すればよい. それには a,b を a^{-1},b^{-1} で置きかえた

$$\left(\frac{a^{u}+b^{u}}{2}\right)^{\frac{1}{u}} \geqq \left(\frac{a^{v}+b^{v}}{2}\right)^{\frac{1}{v}}$$

を証明すればよい. $0<v<u$ だからこの式は成り立っている.

以上の推論は逆にたどることができるから $p<q<0$ のときも $M_p \leqq M_q$ が成り立つ.

最後に $p<0<q$ のとき $M_p \leqq M_q$ となるかどうかの検討が残されている.

$q>0$ のとき, 相加平均と相乗平均の関係から

$$\sqrt{a^q b^q} \leqq \frac{a^q+b^q}{2}$$

両辺を $\dfrac{1}{q}$ 乗して

$$\sqrt{ab} \leqq M_q$$

次に $p<0$ のときは $p=-r$ とおくことによって，

$$M_p \leqq \sqrt{ab}$$

が導かれる．

以上で知ったことをまとめてみる．

(8)　$a,b>0$ のとき

$$\boldsymbol{p<q} \quad \textbf{ならば} \quad \boldsymbol{M_p \leqq M_q}$$

ただし　$\boldsymbol{p<0<q}$ のときは，

$$\boldsymbol{M_p \leqq \sqrt{ab} \leqq M_q}$$

どの場合にも，等号の成り立つのは $a=b$ のときに限る．

▨ 第5歩——これは驚き ▨

いままでに分ったことを総括して，$M_t\ (a>b)$ の変化をグラフにかけば，およそ次の図になるだろう．

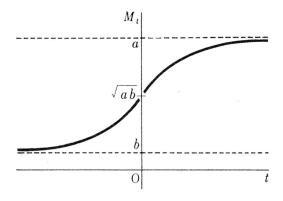

　まだ，不明な点が残されている．M_t は a より小さいことは分って
いるが，$t \to \infty$ のとき $M_t \to a$ となるだろうか．M_t は b より大きい
ことも分っているが，$t \to -\infty$ のとき $M_t \to b$ となるだろうか．

　さらに不可解なのは $t=0$ の付近である．M_t はその式からみて $t=0$
では定義されていない．t が負から正へ移るとき，$\sqrt{ab}$ より小さい値
から $\sqrt{ab}$ より大きい値へ移る．$t \to 0$ のとき $M_t \to \sqrt{ab}$ となるよう
だが，本当はどうなのか．次にこれらの疑問の解明にいどむことにし
よう．

×　　　　　　　　　　×

　$t \to \infty$ のとき $M_t \to a$ となるか．

　仮定によって $a>b$ だから，$t>0$ のとき

$$\frac{a^t}{2} < \frac{a^t + b^t}{2} < a^t$$

各辺を $\frac{1}{t}$ 乗すると

$$\left(\frac{1}{2}\right)^{\frac{1}{t}} a < M_t < a$$

$t \to \infty$ のとき $\frac{1}{t} \to 0$ だから $\left(\frac{1}{2}\right)^{\frac{1}{t}} \to 1$ したがって $M_t \longrightarrow a$

　$t \to -\infty$ のとき $M_t \to b$ となることの証明は読者におまかせしよ
う．

×　　　　　　　　　　×

　$t \to 0$ のとき $M_t \to \sqrt{ab}$ となるか．

　これはチョット手ごわいようだ．

　極限を求めやすくするために $\log M_t$ を考え，この式で $t \to 0$ のと
きの極限を求めてみよう．

$$\log M_t = \frac{1}{t}\log\frac{a^t+b^t}{2}$$

ここで，$f(t)=\log\dfrac{a^t+b^t}{2}$ とおくと $f(0)=\log 1=0$，したがって

$$\lim_{t\to 0}(\log M_t)=\lim_{t\to 0}\frac{f(t)}{t}=\lim_{t\to 0}\frac{f(t)-f(0)}{t-0}=f'(0)$$

よって，$f'(0)$ を求めることに帰着した．幸にして $f(t)$ は導関数が簡単に求められる．

$$f'(t)=\frac{a^t\log a+b^t\log b}{a^t+b^t}$$

$$\therefore\quad f'(0)=\frac{\log a+\log b}{2}=\log\sqrt{ab}$$

$$\therefore\quad \lim_{t\to 0}\log M_t=\log\sqrt{ab}\qquad\therefore\quad \lim_{t\to 0}M_t=\sqrt{ab}$$

ようやく目的を果した．

×　　　　　×

相加平均を一般化した累乗平均の極限から相乗平均が出るとは，まことに驚きである．数学はこのようにおもしろいものである．

$$\frac{a+b}{2}\longrightarrow\left(\frac{a^t+b^t}{2}\right)^{\frac{1}{t}}\begin{array}{c}\nearrow^{\,t\to+\infty}\ \max\{a,b\}\\ \xrightarrow{\ t\to 0\ }\sqrt{ab}\\ \searrow_{\,t\to-\infty}\ \min\{a,b\}\end{array}$$

M_t は $t=0$ のとき定義されなかったが，ここで $M_0=\sqrt{ab}$ と定義すると，M_t は実数全域で連続で，しかも単調増加関数になる．

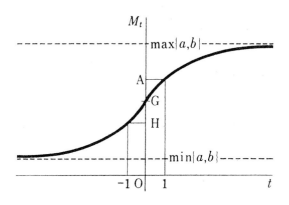

図において

$$A = \frac{a+b}{2} \ \cdots\cdots\ \text{相加平均（算術平均）}$$

$$G = \sqrt{ab} \ \cdots\cdots\cdots\ \text{相乗平均（幾何平均）}$$

$$H = \left(\frac{a^{-1}+b^{-1}}{2} \right)^{-1} = \frac{2ab}{a+b} \ \cdots\ \text{調和平均}$$

A, G, H はそれぞれ Arithmetic mean, Geometric mean, Harmonic mean の頭文字である.

▨ 一般化の複合 ▨

相加平均について，次の3種の一般化を試みた.

相加平均
- 多　項　化
- 加　重　化
- 累　乗　化

これらの一般化を複合すればどうなるかは容易に予想できよう.

$$t \neq 0 \quad M_t = (p_1 a_1{}^t + p_2 a_2{}^t + \cdots + p_n a_n{}^t)^{\frac{1}{t}}$$

$$t = 0 \quad M_0 = \sqrt[n]{a_1 a_2 \cdots a_n}$$

ただし，　$a_1, a_2, \cdots, a_n > 0$，　$p_1, p_2, \cdots, p_n > 0$

$$p_1 + p_2 + \cdots + p_n = 1$$

これを，t 次の**加重累乗平均**という．

極限としては

$t \to 0$ のとき　　　$M_t \to M_0$

$t \to +\infty$ のとき　$M_t \to \max\{a_1, a_2, \cdots, a_n\}$

$t \to -\infty$ のとき　$M_t \to \min\{a_1, a_2, \cdots, a_n\}$

M_t は実数全域で連続で，しかも，単調増加である．

◎ 練 習 問 題 (1) ◎

1.　a, b, c が正数のとき，定理によって次の式の大小を判定し，それを定理によらずに証明せよ．

(1)　$\dfrac{a+b}{2}$，$\dfrac{2ab}{a+b}$，$\sqrt{ab}$，$\sqrt{\dfrac{a^2+b^2}{2}}$　　　　　（工学院大）

(2)　$\dfrac{a+b+c}{3}$，$\left(\dfrac{\sqrt{a}+\sqrt{b}+\sqrt{c}}{3}\right)^2$

2.　次の不等式を証明せよ．（a, b, c は正数）

$$\sqrt{\frac{a^2+b^2+c^2}{3}} \leqq \sqrt[3]{\frac{a^3+b^3+c^3}{3}}$$

3.　4点 $P_1(x_1, y_1)$，$P_2(x_2, y_2)$，$P_3(x_3, y_3)$，$P_4(x_4, y_4)$ に対し，$x_1 < x_2 < x_3 < x_4$ であるときは，3つの線分 P_1P_2，P_2P_3，P_3P_4 の傾きのうち最大のものを G，最小のものを g とすると

$$g \leqq (\text{線分 } P_1P_4 \text{ の傾き}) \leqq G$$

であることを証明せよ．　　　　　（お茶の水女子大）

4.　正の数 a, b, c が $a+b+c < 1$ をみたしているとき，次の (1), (2)

を証明せよ.

(1) $x \geqq 1$, $y \geqq 1$ ならば

$$xy > ax + by + c$$

(2) $x \geqq a$, $y \geqq b$, $z \geqq c$ ならば

$$yz + zx + xy > a(b+c)x + b(c+a)y + c(a+b)z + 3abc$$

が成り立つ.   （大阪府立大）

5. a, b, c, x, y, z は実数で

$$a + b + c = 2, \quad ax + by + cz = 7, \quad x \leqq y \leqq z \leqq 3$$

のとき，a, b, c の少なくとも1つは負であることを証明せよ.

6. $a_1, a_2, \cdots, a_n$ が正の数のとき，これらの数の最大値を L，これら
の数の逆数の最小値を S とするとき，L と S の関係を求めよ.

2. 凸関数と不等式

不等式証明5手カンノン.

不等式の証明には

（ⅰ）　関数の最大値, 最小値の利用

（ⅱ）　関数のグラフの凹凸の利用

（ⅲ）　関数の増加, 減少の利用

（ⅳ）　数学的帰納法

（ⅴ）　式の変形

などいろいろの手法があるが, ここでは, 主として凹凸の利用を取り
挙げてみる.

▓ 入試問題から ▓

　大学の入試問題の中から, グラフの凹凸の利用にふさわしいものを
拾い出してみよう.

─── 例題 1 ───

$f(x)=x^2+ax+b$ について，次の不等式を証明せよ.

$$pf(x_1)+qf(x_2) \geqq f(px_1+qx_2)$$

ただし，$p,q>0$，$p+q=1$ とする. （東工大）

この問題は他の大学でも，しばしば出題された.

グラフの凹凸の利用はあとでまとめて考えることにし，ここでは計算による方法に簡単にふれておく.

左辺 $=p(x_1{}^2+ax_1+b)+q(x_2{}^2+ax_2+b)$

$\quad =px_1{}^2+qx_2{}^2+a(px_1+qx_2)+b$

右辺 $=(px_1+qx_2)^2+a(px_1+qx_2)+b$

左辺 $-$ 右辺 $=p(1-p)x_1{}^2-2pqx_1x_2+q(1-q)x_2{}^2$

$\qquad\qquad =pq(x_1-x_2)^2 \geqq 0$

$\qquad \therefore \quad$ 左辺 $\geqq$ 右辺

─── 例題 2 ───

(1) $a,b,m,n>0$，$m+n=1$ のとき

$$\sqrt{ma+nb} \geqq m\sqrt{a}+n\sqrt{b}$$

を証明せよ.

(2) $a,b,c,p,q,r>0$，$p+q+r=1$ のとき

$$\sqrt{pa+qb+rc} \geqq p\sqrt{a}+q\sqrt{b}+r\sqrt{c}$$

を証明せよ. （東京教育大）

これも (1),(2) あわせて，グラフの凹凸で一気に解決できるが，一応計算でやってみる.

(2) を証明するのに (1) を用いるところは，重要な常套手段である.

(1)　平方して差をとればよい.

(2)　平方して差をとれば

$$左^2 - 右^2 = pq(\sqrt{a} - \sqrt{b})^2 + qr(\sqrt{b} - \sqrt{c})^2 + rp(\sqrt{c} - \sqrt{a})^2 \geqq 0$$

この解き方は平凡だから (1) の利用を考えてみる.

$$左辺 = \sqrt{(p+q)\frac{pa+qb}{p+q} + rc}$$

$\dfrac{pa+qb}{p+q} = B$, $p+q = Q$　とおくと

$$左辺 = \sqrt{QB + rc}$$

Q, r は正で, 和は 1 に等しいから (1) を用いると

$$左辺 \geqq Q\sqrt{B} + r\sqrt{c} \tag{①}$$

$$\sqrt{B} = \sqrt{\frac{p}{Q}a + \frac{q}{Q}b}$$

この式の $\dfrac{p}{Q}, \dfrac{q}{Q}$ も正で, 和は 1 に等しいから, (1) を再び用いると

$$\sqrt{B} \geqq \frac{p}{Q}\sqrt{a} + \frac{q}{Q}\sqrt{b} \tag{②}$$

① の中の $\sqrt{B}$ を (2) の右辺で置きかえて

$$左辺 \geqq p\sqrt{a} + q\sqrt{b} + r\sqrt{c}$$

(1) を 2 回用いる技法に注目して頂きたい.

▨ グラフの凹凸で見直す ▨

例題 1, 2 をグラフの凹凸で見直してみると, 例題 1 は関数 $f(x) = x^2 + ax + b$ のグラフが下に凸であることから, 例題 2 は関数 $f(x) = \sqrt{x}$ のグラフが, 上に凸であることから自明に近いであろう.

自明とはいっても,「直観的に凹凸の判定ができるならば」の条件

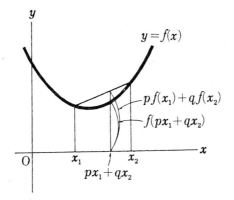

例 題 1 の 図

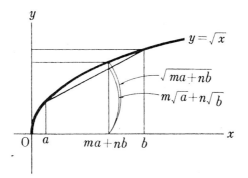

例題 2 の (1) の図

がつく．高校ならこれでもよいが，数学的には物足りない．数学的に
はっきりさせるには，グラフの凹凸を定義し，それを足場として，一
歩一歩論理的に近づかねばならない．

　グラフの凹凸は見てもわかるが，このままでは推論の根拠にとれな
い．では，厳密にはどう定義すればよいか．

　ある区間 D で定義された関数 $f(x)$ があるとする．この区間 D 内
の任意の異なる2つの実数を x_1, x_2 としたとき，$f(x)$ が次の不等式
をみたすならば，$f(x)$ は区間 D で下に凸である，または**凸関数**であ

「一目見てわかる凹凸
なぜ式でみる」

数学は見えないところを式でみる.

るという.

$$f(p_1 x_1 + p_2 x_2) < p_1 f(x_1) + p_2 f(x_2) \qquad ①$$

$$p_1, p_2 > 0, \quad p_1 + p_2 = 1 \qquad ②$$

不等式 ① の不等号の向きが反対のときは, $f(x)$ は区間 D で上に凸である, または凹関数であるという.

上の定義で注目してほしいのは, x_1, x_2 は区間 D の任意の値であること, さらに, 選び出した x_1, x_2 に対して p_1, p_2 も, 条件 ② をみたす限り任意であることである.

ところで, $f(x)$ が凸関数ならば, $-f(x)$ は凹関数である.

なぜかというに ① の両辺の 符号をかえると 不等号の向きが反対に

なるからである．

　同様の理由で，$f(x)$ が凹関数であれば，$-f(x)$ は凸関数である．

　したがって，どちらか一方の性質がわかれば，他方の性質はそれから導かれる．そこで，以下では，凸関数の性質を中心に調べることにする．その場合，もっぱら①，②に頼ることにし，直観は避ける方針でゆこう．

▨ 凸関数の幾何学的意義 ▨

　凸関数の定義の不等式は，幾何学的には何を表わすか．いまさら，こんなことを考えるのはこっけいかもしれない．というのは，定義の不等式は幾何学的意味を念頭において作ったものだからである．だが，順序として，とばすのも論理的には不親切であろう．

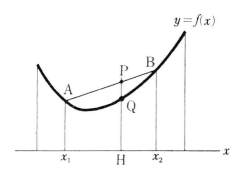

　$x=x_1, x_2$ に対応する $y=f(x)$ のグラフ上の点を A，B とすると A$(x_1, f(x_1))$　B$(x_2, f(x_2))$ であるから，

$$\mathrm{P}(p_1 x_1 + p_2 x_2,\ p_1 f(x_1) + p_2 f(x_2))$$

は線分 AB を $p_2:p_1$ に分ける点である．

　凸関数の定義をみると，p_1, p_2 は正の数であるから，点 P は 2 点 A と B の間にある．図において

$$\mathrm{HP}=p_1 f(x_1)+p_2 f(x_2) \qquad \mathrm{HQ}=f(p_1 x_1+p_2 x_2)$$

凸関数の定義から $\mathrm{HQ}<\mathrm{HP}$ すなわち，**線分 AB 上の点は，その両端を除けば，曲線 $y=f(x)$ の上方にある**.

$$\times \qquad\qquad\qquad \times$$

凸関数の幾何学的意義は，曲線上の 3 点についてみればどうなるだろうか.

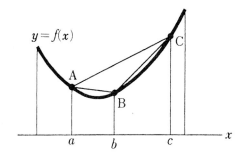

$x=a, b, c\ (a<b<c)$ に対応する曲線 $y=f(x)$ 上の点を A, B, C としてみる. 点 b は 2 点 a, c を結ぶ線分を $b-a:c-b$ に分けるとみることができるから，これに凸関数の定義をあてはめると

$$f(b)<\frac{(c-b)f(a)+(b-a)f(c)}{(b-a)+(c-b)}$$

分母を簡単にして

$$f(b)<\frac{(c-b)f(a)+(b-a)f(c)}{c-a} \qquad\qquad ①$$

この式から，AB, AC, BC の傾きの関係が導かれる. ①の両辺から $f(a)$ をひき，両辺を $b-a$ で割ると

$$\frac{f(b)-f(a)}{b-a}<\frac{f(c)-f(a)}{c-a}$$

左辺は AB の傾き，右辺は AC の傾きを表わすから

AB の傾き ＜ AC の傾き

次に ① の両辺から $f(c)$ をひき，両辺を $c-b$ で割ることによって

$$\frac{f(c)-f(a)}{c-a} < \frac{f(c)-f(b)}{c-b}$$

AC の傾き ＜ BC の傾き

まとめると，次の結論になる.

凸関数のグラフ上の 3 点を左から順に A, B, C とすると

AB の傾き ＜ AC の傾き ＜ BC の傾き

凸関数の性質として， 連続性,微分可能性 などを調べるには， この不等式が便利である. この不等式は，次の 2 様に解釈される.

(1) AB の傾き ＜ AC の傾き … で A を固定

(2) AC の傾き ＜ BC の傾き … で C を固定

A を固定し，P を A から右の方へ移動させたとすると，**AP の傾きは増加する**.

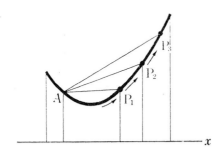

次に P を A から左の方へ移動させたときは, AP の傾きは減少する.

▨ 凸関数は連続か ▨

常識的には連続のようだが，実際はそうとも限らない.

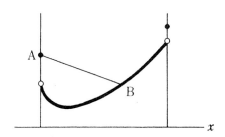

　たとえば図のように，閉区間の端で不連続なグラフを考えてみると，線分 AB のうち，A と B の間の点がグラフの上方にあることはみたされる．

　区間の内部では不連続にならないだろうと予想されるが，それも厳密な推論によって確かめるのでないと安心できない．推論を厳密に行なうには，定義域 D が問題になる．したがって，区間の意味や種類をあきらかにしておかなければならない．

　実数の集合で**区間**というのは，次の部分集合のことである．

　　$[a,b]$ …… $a \le x \le b$ をみたすすべての実数 x の集合

　　(a,b) …… $a < x < b$ をみたすすべての実数 x の集合

　　$[a, +\infty)$ … $a \le x < +\infty$ をみたすすべての実数 x の集合

　この例から，区間の表わし方の約束がわかると思う．区間は，このほかにも 6 種類ある．

　　$[a,b)$,　　　$(a,b]$,　　　$(a, +\infty)$

　　$(-\infty, b]$,　$(-\infty, b)$,　$(-\infty, +\infty)$

　これらのうち，$[a,b]$ を**閉区間**といい，$(a,b), (a, +\infty), (-\infty, b),$ $(-\infty, +\infty)$ を**開区間**という．

これがほんまの閉区間.

$$
区間
\begin{cases}
閉区間 \quad [a,b] \\[2mm]
開区間
\begin{cases}
(a,b),\ (a,+\infty) \\[1mm]
(-\infty,b),\ (-\infty,+\infty)
\end{cases} \\[4mm]
その他
\begin{cases}
[a,b),\ (a,b] \\[1mm]
[a,+\infty),\ (-\infty,b]
\end{cases}
\end{cases}
$$

$$\times \qquad\qquad\qquad \times$$

関数 $y=f(x)$ は, 区間 D で凸関数であるとして, その連続性を検討してみる.

区間 D 内の点のうち, 端と異なる点を $\mathrm{A}(a)$ とすると, a を含む開区間 $(a-k,\ a+k)$ は, k を十分小さくとることによって, D に含ませることができる.

この開区間内に点 x をとり, x に対応するグラフ上の点を P とし, x を a に近づけたとき, P は A に限りなく近づくかどうかをみればよい.

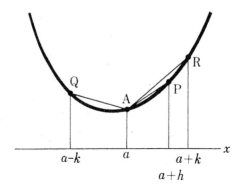

k より小さい正の数を h とし，$x = a + h$ とおくと，

$$a - k < a < a + h < a + k$$

AQ の傾き < AP の傾き < AR の傾き

$$\frac{f(a) - f(a-k)}{k} < \frac{f(a+h) - f(a)}{h} < \frac{f(a+k) - f(a)}{k}$$

a, k を固定すると，上の不等式の左端と右端の式の値は一定だから，それぞれ K_1, K_2 で表わせば

$$hK_1 < f(a+h) - f(a) < hK_2$$

ここで h を 0 に近づけると，hK_1, hK_2 も限りなく 0 に近づくから $f(a+h) - f(a)$ も限りなく 0 に近づく．したがって

$$\lim_{h \to 0+} f(a+h) = f(a)$$

$x = a - h$ についても同様のことを試みると

$$\lim_{h \to 0+} f(a-h) = f(a)$$

上の 2 つの極限をまとめてかけば

$$\lim_{h \to 0} f(a+h) = f(a)$$

これは，$f(x)$ が $x = a$ で連続であることにほかならない．

よって区間 D に端があるとき，その端を除いた区間を D' とすれば，$f(x)$ は D' で連続である．区間 D の端では連続とは限らない．

> 区間 D で凸な関数は，D からその端を除いた区間 D' で連続である．

開区間には，端の点がないから，開区間で凸な関数は，その全区間で連続である．

▨ 凸関数は微分可能か ▨

連続な関数，必ずしも微分可能ではないから，微分可能かどうかは，さらに検討しないと明白にならない．

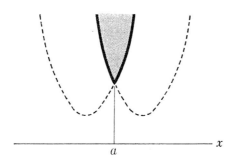

2 つの放物線を図のようにつないだグラフを考えると，凸関数がえられるが，この関数は $x=a$ では微分可能ではない．しかし，**右方微分係数**と**左方微分係数**とは存在する．

この例から考えて，凸関数は区間から端を除けば，微分可能とは限らないが，右方と左方の微分係数の存在だけはいえるような気がする．この予想を確かめてみる．

連続性を調べたときに導いた不等式

$$K_1 < \frac{f(a+h)-f(a)}{h} < K_2 \qquad (h>0)$$

を借りる. $\dfrac{f(a+h)-f(a)}{h}$ は，h の増加関数であることは，すでに
傾きの大小のところであきらかにしてある．したがって，この関数は，
h を減少させて 0 に近づけると，単調に減少する．しかも，上の不等
式によって一定の値より小さくなることはない．つまり，単調減少で
下に有界であるから，極限値をもつ．すなわち

$$\lim_{h \to 0+} \frac{f(a+h)-f(a)}{h}$$

これは，右方微分係数であるから，その存在が確認された．

　全く同様にして

$$K_1 < \frac{f(a)-f(a-h)}{h} < K_2$$

から，左方微分係数の存在も確かめられる．

　➡注　$\dfrac{f(a)-f(a-h)}{h} = \dfrac{f(a-h)-f(a)}{-h}$ であるから，$h \to 0+$ のとき

$-h \to 0-$ で，上の極限値は左方微分係数になる．

　なお $a-h < a < a+h \ (h>0)$ だから傾きの大小から

$$\frac{f(a)-f(a-h)}{h} < \frac{f(a+h)-f(a)}{h}$$

したがって，$h \to 0+$ のときの極限値では

　　　　　　　　左方微分係数 $\leqq$ 右方微分係数

もとの不等式には等号がないが，極限値では等号がはいることに注
意せよ．

　　区間 D で凸な関数は，区間の端を除けば，左方微分係数と右
方微分係数とが存在して，しかも

左方微分係数 ≦ 右方微分係数

である.

▨ 微分可能な凸関数 ▨

　凸関数としては，微分可能なものを取扱うことが多い．とくに入学試験に現われる不等式に関係のある関数はそうである.

　微分可能であれば，グラフには接線がある．では凸関数であることを，グラフの接線でみればどうなるだろうか．次の実例から予想されるように，グラフは接点を除けば，接線の上方にある．これを凸関数の性質にもとづいて確かめてみる.

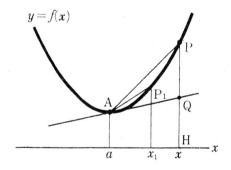

　関数 $f(x)$ は，区間 D で凸でしかも微分可能であるとする．D 内の 1 点を a とし，a と異なる点を x とする．a と x の間に 1 点 x_1 をとる.

　$a<x_1<x$ のとき，$\mathrm{AP_1}$ の傾き $<\mathrm{AP}$ の傾きであったから

$$\frac{f(x_1)-f(a)}{x_1-a}<\frac{f(x)-f(a)}{x-a}$$

左辺の式の値は，x_1 を減少させると減少する．そして $x_1\to a$ のと

きの極限値 $f'(a)$ は存在するから

$$f'(a) < \frac{f(x) - f(a)}{x - a}$$

かきかえると

$$f(a) + f'(a)(x - a) < f(x)$$

$x < x_1 < a$ のときも同様にして，上と同じ不等式が導かれる．

この不等式は，凸関数の性質を，導関数を用いて表わしたものである．

この幾何学的意義はどうか．$x = a$ における接線の方程式は

$$Y - f(a) = f'(a)(X - a)$$

この式で $X = x$ とおくと

$$Y = f(a) + f'(a)(x - a)$$

これは図でみると HQ の長さで，HP の長さは $f(x)$ に等しい．したがって HQ<HP すなわち，接線上の点は，接点を除けばグラフの下方にある．

　区間 D で，微分可能な，凸関数を $f(x)$ とすると，D 内の任意の値 a, x に対して

$$f(a) + f'(a)(x - a) < f(x) \qquad\qquad ①$$

が成り立つ．

　これは，$x = a$ における接線上の点は，接点を除けばグラフの下方にあることを示す．

重要なのはこの逆である．実は，この逆も成り立つ．すなわち，区間 D で微分可能な関数 $f(x)$ があって，しかも，D 内の任意の a, x に

対して

$$f(a)+f'(a)(x-a)<f(x)$$

が成り立つならば，$f(x)$ は D で凸である．

　不等式の証明に用いられるのは，この逆定理である．

　これを証明してみよう．D に属する 2 つの異なる値を x_1, x_2 とし，a としては $p_1x_1+p_2x_2$ を選ぶ．

$$a=p_1x_1+p_2x_2$$

$$(p_1, p_2>0,\ p_1+p_2=1)$$

a は x_1 と x_2 の間にあるから，D に属する．したがって，a, x_1, x_2 について，上の不等式が成り立つから

$$f(a)+f'(a)(x_1-a)<f(x_1)$$

$$f(a)+f'(a)(x_2-a)<f(x_2)$$

　上の式の両辺に p_1，下の式の両辺に p_2 をかけてから，加え，$p_1+p_2=1$ を用いると

$$f(a)+f'(a)(p_1x_1+p_2x_2-a)<p_1f(x_1)+p_2f(x_2)$$

　$f'(a)$ の係数は 0 になるから

$$f(a)<p_1f(x_1)+p_2f(x_2)$$

$$\therefore\quad f(p_1x_1+p_2x_2)<p_1f(x_1)+p_2f(x_2)\qquad\qquad ②$$

これは，凸関数の条件だから，$f(x)$ は区間 D において凸である．

▨ 不等式の証明への応用 ▨

　以上によって，$f(x)$ が D で微分可能なときは ① $\Longleftrightarrow$ ② が証明された．

ナルホド，$f'' < 0$ は山頂行きか．

　ある関数 $f(x)$ から①を導くことができれば，それをもとにして不等式②が証明される．

①　→　不等式の証明　→　不等式
②

　そこで，②の不等式を証明するには①の不等式の証明が問題になる．①の証明が②の証明よりむずかしいのでは，この方針は価値がない．ところが，幸なことに，$f(x)$ に $f''(x)$ が存在するときは，①が簡単に証明できるのである．

区間 D で 2 回微分可能な関数 $f(x)$ において

$$f''(x) > 0 \Rightarrow f(a) + f'(a)(x-a) < f(x)$$

これを証明してみる．両辺の差をとり

$$g(x) = f(x) - f(a) - f'(a)(x-a)$$

とおく．

$f(x)$ は 2 回微分可能だから $g(x)$ も 2 回微分可能で

$$g'(x) = f'(x) - f'(a)$$

$$g''(x) = f''(x)$$

ところが $f''(x) > 0$ だから $g''(x) > 0$，よって $g'(x)$ は単調増加関数である．しかも $g'(a) = f'(a) - f'(a) = 0$ だから

$$a < x \text{ のとき } g'(x) > 0 \qquad x < a \text{ のとき } g'(x) < 0$$

したがって，a と x の大小に関係なく

$$g(x) > g(a) \qquad (x \neq a)$$

$g(a) = 0$ だから $g(x) > 0$

$$\therefore \quad f(a) + f'(a)(x-a) < f(x) \qquad (x \neq a)$$

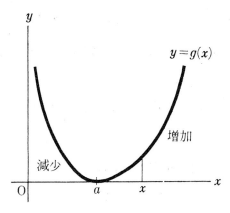

以上によって $f''(x)>0 \Rightarrow$ ①　がわかった．ところが ① $\Rightarrow$ ② であったから

$$f''(x)>0 \Rightarrow ②$$

不等式 ② の証明は，$f''(x)$ の符号を調べることに帰着する．

例題 1，2 にもどり，これを $f''(x)$ の利用によって証明してみる．

＜例題 1 の証明＞

$$f(x)=x^2+ax+b \qquad f'(x)=2x+2a \qquad f''(x)=2>0$$

よって，定理により $f(x)$ は区間 $(-\infty, +\infty)$ で凸関数だから，凸関数の定義によって

$$f(px_1+qx_2)<pf(x_1)+qf(x_2) \qquad (x_1 \neq x_2)$$

$x_1=x_2$ のときは，両辺がともに $f(x_1)$ に等しく，等号が成り立つから，一般には

$$f(px_1+qx_2) \leqq pf(x_1)+qf(x_2)$$

×　　　　　　　　　×

＜例題 2 の (1) の証明＞　　例題 1 にならう．

$$f(x)=\sqrt{x}=x^{\frac{1}{2}} \qquad x\in(0, +\infty)$$

$$f'(x)=\frac{1}{2}x^{-\frac{1}{2}} \qquad f''(x)=-\frac{1}{4}x^{-\frac{3}{2}}<0$$

よって，$f(x)$ は区間 $(0, +\infty)$ で凹関数だから，凹関数の定義によって

$$f(ma+nb)>mf(a)+nf(b) \qquad (a \neq b)$$

$a=b$ のときを許せば，等号がはいって

$$f(ma+nb) \geqq mf(a)+nf(b)$$

かきかえると証明する不等式になる．

例題 2 の (2) を手ぎわよく導くには，凸関数（凹関数）を表わす不等式を一般化しておくがよい．

$f(x)$ が区間 D で凸のときは，D に属する任意の 2 つの値 x_1, x_2 に対して

$$f(p_1 x_1 + p_2 x_2) \le p_1 f(x_1) + p_2 f(x_2) \qquad ①$$
$$（ただし \quad p_1, p_2 > 0, \ p_1 + p_2 = 1）$$

等号の成り立つのは $x_1 = x_2$ のときに限る．

→**注**　$p_1, p_2 \ge 0$ とすると，$p_1 = 0$ または $p_2 = 0$ のときにも等号が成り立つ．

D に属する任意の 3 つの値 x_1, x_2, x_3 に対しては

$$\boldsymbol{f(p_1 x_1 + p_2 x_2 + p_3 x_3) \le p_1 f(x_1) + p_2 f(x_2) + p_3 f(x_3)} \qquad ②$$
$$（ただし \quad p_1, p_2, p_3 > 0, \ p_1 + p_2 + p_3 = 1）$$

等号の成り立つのは $x_1 = x_2 = x_3$ のときに限る．

これをさらに，n 個の数の場合に拡張することは読者の研究として残しておき，① と ② を証明してみる．

① は凸関数の定義から自明に近い．

② は ① を用いて導く．その手法は，例題 2 で (1) から (2) を導いたのと同じ．$\sqrt{}$ を $f(\ )$ にかえれば，一般化される．この手法は重要だから，念のためかいてみる．

$$p_1 x_1 + p_2 x_2 + p_3 x_3 = (p_1 + p_2) \frac{p_1 x_1 + p_2 x_2}{p_1 + p_2} + p_3 x_3$$

ここで $\dfrac{p_1 x_1 + p_2 x_2}{p_1 + p_2} = X$, $p_1 + p_2 = P$ とおくと

$$f(p_1 x_1 + p_2 x_2 + p_3 x_3) = f(PX + p_3 x_3)$$

P, p_3 は正で，しかも和は 1 だから ① によって

$$f(PX + p_3 x_3) \le Pf(X) + p_3 f(x_3)$$

次に $f(X)$ に ① を用いると

$$f(X) = f\Big(\frac{p_1}{P}x_1 + \frac{p_2}{P}x_2\Big) \leqq \frac{p_1}{P}f(x_1) + \frac{p_2}{P}f(x_2)$$

これと上の2式とから

$$f(p_1x_1 + p_2x_2 + p_3x_3) \leqq p_1f(x_1) + p_2f(x_2) + p_3f(x_3)$$

以上の手法を一般化し，n 個の数の場合に用いれば，数学的帰納法になる．これに似た手法は，不等式の数学帰納法による証明で，しばしば利用される．

次に $f(x)$ は微分可能であるとして，② を直接導く証明を考えてみる．それには，不等式

$$f(a) + f'(a)(x-a) \leqq f(x)$$

を利用すればよい．等号を入れたのは $x = a$ の場合も考えるからである．

この利用の要点は，x_1, x_2, x_3 に対して a の選び方にかかっている．a として3数の加重平均を選べば，うまくいく．すなわち，a を $p_1x_1 + p_2x_2 + p_3x_3$ に等しくとり，x に x_1, x_2, x_3 を代入すれば

$$f(a) + f'(a)(x_1-a) \leqq f(x_1)$$

$$f(a) + f'(a)(x_2-a) \leqq f(x_2)$$

$$f(a) + f'(a)(x_3-a) \leqq f(x_3).$$

上から順に p_1, p_2, p_3 をかけ，そのあとで3式を加えると $f(a)$ の係数は $p_1 + p_2 + p_3 = 1$，$f'(a)$ の係数は

$$p_1x_1 + p_2x_2 + p_3x_3 - a(p_1 + p_2 + p_3) = a - a = 0$$

したがって，残りの項は

$$f(a) \leqq p_1f(x_1) + p_2f(x_2) + p_3f(x_3)$$

ここで，a を $p_1x_1+p_2x_2+p_3x_3$ で置きかえれば ② がえられる.

この証明を一般化すれば，n 個の数についての不等式の証明になる.

×　　　　　　　　×

なお，① で $p_1=p_2=\dfrac{1}{2}$，② で $p_1=p_2=p_3=\dfrac{1}{3}$ とおいた特殊な場合を考えると

$$f\left(\frac{x_1+x_2}{2}\right)\leqq\frac{f(x_1)+f(x_2)}{2}$$

$$f\left(\frac{x_1+x_2+x_3}{3}\right)\leqq\frac{f(x_1)+f(x_2)+f(x_3)}{3}$$

一般にどうなるかは，読者におまかせしよう.

n についての関係は，$n=2,3$ の場合がわかれば，一般化は自力でできることが多い. 自力更生は，人生航路の専売でなく，数学でも重要なのだ.

▨ 凸関数の不等式への応用 ▨

凸関数の理論をながながと説明してきた.

厳密に推論しようとすると，閉区間,開区間,内点,境界点,収束,連続など，トポロジカルな概念の必要なことを知っただけでも収穫があったであろう. 理論は理論自身の価値もあるが，応用も捨てたものではない. ここらで，入試問題への応用を挙げよう.

――― 例題 3 ―――

A,B が正の鋭角のとき $\tan\dfrac{A+B}{2}$ と $\dfrac{\tan A+\tan B}{2}$ との大小を比較せよ. 　　　　　　　　　　　　　　　　　（水産大）

―――――――――――――――――――――

$f(x)=\tan x,\ x\in\left(0,\dfrac{\pi}{2}\right)$ が凸関数であることをあきらかにすれば

よい.

$$f'(x) = \sec^2 x = \frac{1}{\cos^2 x}$$

$$f''(x) = -\frac{2\cos x(-\sin x)}{\cos^4 x} = \frac{\sin x}{\cos^3 x} > 0$$

よって $f(x)$ は $\left(0, \frac{\pi}{2}\right)$ で凸関数だから，この区間に属する A, B に対して

$$\tan\frac{A+B}{2} \leqq \frac{\tan A + \tan B}{2}$$

符号は $A=B$ のときに限って成り立つ.

計算によって直接証明することは読者におまかせしよう.（練習問題をみよ.）

――― **例題 4** ―――――――――――――――――――――――

a, b, c が正の数のとき

$$\sqrt[3]{abc} \leqq \frac{a+b+c}{3}$$

を証明せよ.

―――――――――――――――――――――――――――――

いろいろの証明があるが，ここでは凸関数の利用に制限する．関数として何をとるか．このままでは見当がつかない．両辺の自然対数をとってみよ.

$$\frac{\log a + \log b + \log c}{3} \leqq \log\frac{a+b+c}{3}$$

あきらかに $f(x) = \log x$ をとればよい.

$$f'(x) = \frac{1}{x}, \qquad f''(x) = -\frac{1}{x^2} < 0$$

$f(x)$ は $(0, +\infty)$ で凹関数であるから

$$\frac{f(a)+f(b)+f(c)}{3} \leqq f\left(\frac{a+b+c}{3}\right)$$

これを log の式にかきかえればよい.

────── 例題5 ──────

$f(t)\geqq0$ は連続関数で, a は定数とする.

いま $g(x)=\displaystyle\int_x^a (t-x)f(t)dt$ とするとき, 任意の実数 x_1, x_2 に対して

$$g(px_1+qx_2)\leqq pg(x_1)+qg(x_2)$$

となることを示せ. ただし, p,q は $p+q=1$, $p\geqq0$, $q\geqq0$ なる任意の実数とする.　　　　　　　　　　　　　　　（神戸商大）

────────────────────────

不等式の形からあきらかなように, 証明は $g(x)$ が区間 $(-\infty, +\infty)$ で, 凸関数であることを示すことに帰する.

$$g(x)=\int_x^a tf(t)dt-x\int_x^a f(t)dt=x\int_a^x f(t)dt-\int_a^x tf(t)dt$$

$$g'(x)=\int_a^x f(t)dt+xf(x)-xf(x)=\int_a^x f(t)dt$$

$$g''(x)=f(x)$$

仮定によって $f(t)\geqq0$, これは $f(x)\geqq0$ と同じこと. ゆえに $g''(x)\geqq0$ だから, $g(x)$ は凸関数. 凸関数ならば, 問題の不等式が成り立つのは当然である.

● 練 習 問 題 (2) ●

7. $f(x)$ が区間 D で凸関数ならば, D に属する n 個の値 $x_1, x_2, \cdots, x_n$ について, 次の不等式が成り立つことを証明せよ.

$$f(p_1x_1+p_2x_2+\cdots+p_nx_n)\leqq p_1f(x_1)+p_2f(x_2)+\cdots+p_nf(x_n)$$

ただし $p_1, p_2, \cdots, p_n$ は正の数で，かつ和は 1 に等しいとする.

8. 例題 3 の不等式を，凸関数の性質を用いず，計算によって証明せよ.

9. a, b, c が正の数のとき

$$\frac{a+b+c}{3} \leqq \sqrt[3]{\frac{a^3+b^3+c^3}{3}}$$

を証明せよ.   （京都医大）

10. A, B, C, D はどれも 0 と π の間にあるとする. 次の不等式が成り立つことを証明せよ.

(1) $\sin A + \sin B + \sin C + \sin D \leqq 4 \sin \dfrac{A+B+C+D}{4}$

(2) $\sin A + \sin B + \sin C \leqq 3 \sin \dfrac{A+B+C}{3}$ （電通大）

3. チェビシェフの不等式

▓ 入試問題から ▓

入試問題の中には，創作過程や創作源のなかなか分らないものがある．それが，他の問題を解いている最中に，あるいは数学の本を読んでいるとき，あるいは電車の中でボンヤリ考えているときなど，「ハハア，これだ」と突然気づくのは楽しいものである．次の例題1もその1つであった．

―――― 例題1 ――――

$a \geqq b \geqq c$, $x \geqq y \geqq z$, $x+y+z=0$ ならば，

$$ax + by + cz \geqq 0$$

であることを証明せよ．   （名古屋大）

これは，あとで種明しをみればわかるように，**チェビシェフ** (Tchebychef) **の不等式**が水源地である．

この不等式の簡単な場合は，大学の入試にしばしば姿を現わした．次の例題2が，その代表例である．

―――― 例題2 ――――

$a \geqq b \geqq c$, $x \geqq y \geqq z$ のとき，次の不等式を証明し，かつ等号が成立するのはどんな場合かを調べよ．

(1) $\dfrac{ax+by}{2} \geqq \dfrac{a+b}{2} \cdot \dfrac{x+y}{2}$

(2) $\dfrac{ax+by+cz}{3} \geqq \dfrac{a+b+c}{3} \cdot \dfrac{x+y+z}{3}$ （東京女子大）

（証明だけ．宮崎大, 名古屋市大, 佐賀大）

一応平凡な解答を示し，そのあとで，不等式の一般化とその証明へ

高度の定理で予想を立てよ！

と足をはこぶことにしよう．例題1は2を用いれば簡単だから，例題2を先に証明する．

＜例題2の (1) の証明＞

両辺の差を変形して，等号をみるのが，高校のオーソドックスな手法である．

$$左辺 - 右辺 = \frac{1}{4}(ax + by - ay - bx) = \frac{1}{4}(a - b)(x - y) \geqq 0$$

等号が成り立つのは　$a = b$　or　$x = y$　のときである．

＜例題2の (2) の証明＞

$9($左辺 − 右辺$)$

$$= 3(ax + by + cz) - (a + b + c)(x + y + z)$$

この変形はチョットむずかしい．ひとまず a, b, c について整理し，

そのあとで形をかえる.

$$=a(2x-y-z)+b(2y-x-z)+c(2z-x-y)$$
$$=a(\overline{x-y}+\overline{x-z})+b(\overline{y-z}-\overline{x-y})-c(\overline{x-z}+\overline{y-z})$$
$$=(a-b)(x-y)+(b-c)(y-z)+(a-c)(x-z) \qquad ①$$

$(a-b)(x-y)\geqq0$ などとなることから,

$$9(左辺-右辺)\geqq0 \qquad ∴ \quad 左辺\geqq右辺$$

等号の成立する場合はどうか. これはやさしいようで, やってみるとむずかしい. いろいろの場合をまとめることが問題になるからである.

① の式が 0 になるのは, この式の 3 項がすべて 0 の場合であるから

$$(a-b)(x-y)=0 \quad and \quad (a-c)(x-z)=0$$
$$and \quad (b-c)(y-z)=0$$

ところが, $(a-b)(x-y)=0$ は $a=b$ or $x=y$ と 2 つに分解される. 他の 2 式についても同様だから, 全体としては $2×2×2=8$ 通りの場合になる.

このような複雑な場合分けを手際よくさばく方法としては

（ i ）　**論理式**の変形による方法

（ ii ）　**ベン図**,**ベッチ図**などの集合の図解による方法

（iii）　**樹形図**による方法

などが考えられよう. ここでは, 樹形図によってみる.

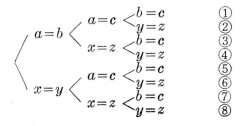

これら8つの場合のうち，簡単にまとめられるのは①と⑧である.

① $a=b=c$　　　⑧ $x=y=z$

その他の場合はどうか.

たとえば②は

$$a=b \ \ \text{and} \ \ a=c \ \ \text{and} \ \ y=z$$

すなわち

$$a=b=c \ \ \text{and} \ \ y=z$$

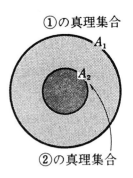

①の真理集合

A_1

A_2

②の真理集合

これは①に $y=z$ を追加したものだから①
の特殊な場合で①に包含される．　論理的に
みると，

$$② \Rightarrow ①$$

このとき① or ②は①と同値だから②は省いて①を残すだけで
よい．③,④,…,⑦についても同様に考えると③,⑤は①に含まれ，
④,⑥,⑦は⑧に含まれる．　したがって等号の成り立つ場合は次の2
つに総括される.

$$a=b=c \ \ \text{or} \ \ x=y=z$$

▨ 定理の一般化 ▨

一般化には，いろいろの方向がある.

（i）　多項化——項の個数を増す.

（ii）　加重化——各項に重み（weight）をつける.

（iii）　高次化——次数を高める．累乗化と呼んでもよい.

（iv）　関数化—— x を $f(x)$ で置きかえる方法．$f(x)$ の選び方に
　　　　　　よって，意外な結果の出ることがある.

ここでは（ⅰ）と（ⅱ）に焦点をおいてみよう.

例題2の(1)は2組の数がともに2数の場合で, (2)は2組の数が
ともに3数の場合であった. これを2組の数がともにn個の場合に拡
張することはたやすい.

$$a_1 \geqq a_2 \geqq \cdots \geqq a_n, \qquad b_1 \geqq b_2 \geqq \cdots \geqq b_n$$

のとき

$$\frac{a_1 b_1 + a_2 b_2 + \cdots + a_n b_n}{n} \geqq \frac{a_1 + a_2 + \cdots + a_n}{n} \cdot \frac{b_1 + b_2 + \cdots + b_n}{n}$$

（ⅱ）の加重化はどうか. $\dfrac{a+b}{2}$ は相加平均だから, 加重化によって,
加重平均

$$\frac{la + mb}{l + m}$$

に変える.

この方式でチェビシェフの不等式を一般化すれば

$$\frac{lax + mby}{l + m} \geqq \frac{la + mb}{l + m} \cdot \frac{lx + my}{l + m} \qquad (l, m > 0)$$

これを簡単化する方法として $\dfrac{l}{l+m}, \dfrac{m}{l+m}$ をそれぞれ p, q で表わ
すことが広く用いられることは衆知のことと思う.

$$pax + qby \geqq (pa + qb)(px + qy) \qquad (p, q > 0, \ p + q = 1)$$

これに, さらに多項化を試みて, n 項の場合へ拡張することは読者
におまかせしよう.

2項と3項の場合がわかれば, その一般化によってn項の場合を予
想できることが多い. チェビシェフの不等式もそのような例であるか
ら2項と3項の場合で, 二,三の興味ある証明を紹介し, その一般化は

具体例から一般の場合を知る.

読者の研究として残しておくことにする.

(1)　2項の場合

$a \geqq b$, $x \geqq y$ のとき

$$pax + qby \geqq (pa + qb)(px + qy) \quad (p, q > 0, \ p + q = 1)$$

等号の成り立つのは $a = b$ or $x = y$ のときに限る.

(2)　3項の場合

$a \geqq b \geqq c$, $x \geqq y \geqq z$ のとき

$$pax + qby + rcz \geqq (pa + qb + rc) \times (px + qy + rz)$$

$$(p, q, r > 0, \ p + q + r = 1)$$

等号の成り立つのは $a = b = c$ or $x = y = z$ のときに限る.

n 項の場合へ拡張しやすい証明を挙げるから，その積りで読んで頂

きたい．数学では，その場限りの方法よりは，一般化の可能な方法，
発展・創造の可能性を含むものの方が価値が高いのである．　解きさえ
すればよい，証明すればよいというものではない．

（1）　両辺の差をとる．ただし左辺に $p+q$ をかけて，p, q につい
ての2次の同次式にかえることを銘記しよう．

$$左辺 - 右辺 = (p+q)(pax+qby) - (pa+qb)(px+qy)$$
$$= pq(a-b)(x-y) \geqq 0$$

等号の成り立つのはあきらかに $a=b$ or $x=y$ の場合である．

(2) の証明

直接証明する方法と，(1) を使う証明とが考えられる．

(1) を使う方法は，チョット一般化するだけで n 項の場合の数学的
帰納法になる．その積りで注意しながら読んで頂きたい．

　直接証明する方法は，左辺と右辺の差を計算するもので，例題2の
(2) の証明と大差ないから省略する．　左辺に $p+q+r$ をかけてから
差をとることは (1) の場合と同様．

　(2) の証明に (1) を用いるのであったら，次の変形を試みればよい．

$$pax+qby+rcz = (p+q)\frac{pax+qby}{p+q}+rcz$$

ここで $p+q=P$ とおくと

$$左辺 = P\left(\frac{p}{P}ax+\frac{q}{P}by\right)+rcz \qquad\qquad ①$$

ところが（　）の中をみると $\frac{p}{P}, \frac{q}{P}$ は正で，しかも和が1だから
(1) をあてはめると

$$\frac{p}{P}ax+\frac{q}{P}by \geqq \left(\frac{p}{P}a+\frac{q}{P}b\right)\left(\frac{p}{P}x+\frac{q}{P}y\right)$$

この式の右辺を BY とおき，①の（　）の中を BY で置きかえると

　　左辺 $\geqq PBY + rcz$

この式で P, r は正で，しかも和は 1 だから，再び (1) を用いると

　　左辺 $\geqq (PB + rc)(PY + rz)$

ここで，P, B をもとの式に置きもどせば

　　左辺 $\geqq (pa + qb + rc)(px + qy + rz)$

　この方法は，ほんの少しくふうすれば，帰納法に応用できる．（練習問題の 6 をみよ）

▨ 線型性の応用 ▨

　(2) の証明に (1) を用いるとき，不等式の両辺が x, y, z についての 1 次の同次式であること，および a, b, c についての 1 次の同次式であることに目をつけると，興味ある証明が考え出される．

　1 次の同次式には，線型性と呼ばれている重要な性質がある．それを簡単な場合から調べてみる．

　$f(x) = ax$ のとき

$$f(x_1 + x_2) = a(x_1 + x_2) = ax_1 + ax_2 = f(x_1) + f(x_2)$$

また　　$f(kx) = akx = k \cdot ax = kf(x)$

　この性質は，変数が 2 つになっても保たれるだろうか．

　$f(x, y) = ax + by$ のとき

$$f(x_1 + x_2, y_1 + y_2) = a(x_1 + x_2) + b(y_1 + y_2)$$
$$= (ax_1 + by_1) + (ax_2 + by_2)$$
$$= f(x_1, y_1) + f(x_2, y_2)$$

また　　$f(kx, ky) = akx + bky = k(ax + by) = kf(x, y)$

変数はいくつでも同じことだから，2つの場合をまとめておく.

―――― **線型性** ――――

$f(x,y)=ax+by$ のとき

（ⅰ）$f(x_1+x_2,y_1+y_2)=f(x_1,y_1)+f(x_2,y_2)$

（ⅱ）$f(kx,ky)=kf(x,y)$

問 上の2つの性質を用い，次の等式を導け.

(1) $f(x_1-x_2,y_1-y_2)=f(x_1,y_1)-f(x_2,y_2)$

(2) $f(hx_1+kx_2,hy_1+ky_2)=hf(x_1,y_1)+kf(x_2,y_2)$

$$\times \qquad\qquad\qquad \times$$

ここで，チェビシェフの不等式の (2) すなわち3項の場合の証明にもどる. 不等式の両辺，したがって，両辺の差も，a,b,c を定数とみると x,y,z の1次の同次式である. また，x,y,z を定数とみると a,b,c についての1次の同次式である. 左辺－右辺を x,y,z の関数とみて $f(x,y,z)$ とおけば

$$f(x,y,z)=pax+qby+rcz-(pa+qb+rc)(px+qy+rz)$$

この関数はもちろん，線型性をみたし，その上，$x=y=z$ のとき 0 になるという性質をもつ.

$$f(u,u,u)=(pa+qb+rc)u-(pa+qb+rc)(p+q+r)u$$

$p+q+r=1$ だから $f(u,u,u)=0$ そこで，

$$f(x-z,y-z,z-z)=f(x,y,z)-f(z,z,z)=f(x,y,z)$$

$$\therefore\quad f(x,y,z)=f(x-z,y-z,0)$$

ここで $x-z=x'$, $y-z=y'$ とおくと

$$f(x,y,z)=f(x',y',0)=pax'+qby'-(pa+qb+rc)(px'+qy')$$

この式は a, b, c の関数とみても，x, y, z の場合と同様の性質をもつから $a-c=a'$，$b-c=b'$ とおくことによって

$$左辺 - 右辺 = pa'x' + qb'y' - (pa' + qb')(px' + qy')$$

とかきかえられる.

さて　$a' \geqq b' (\geqq 0)$，$x' \geqq y' (\geqq 0)$　だから，2項の場合のチェビシェフの不等式を考えると

$$\frac{pa'x' + qb'y'}{p+q} \geqq \frac{pa' + qb'}{p+q} \cdot \frac{px' + qy'}{p+q}$$

分母を払うと

$$(p+q)(pa'x' + qb'y') \geqq (pa' + qb')(px' + qy')$$

$p + q + r = 1$，$r > 0$ から　$1 > p + q$

p, q は正で，かつ a', b', x', y' は非負だから $pa'x' + qb'y' \geqq 0$

よって，上の不等式から

$$pa'x' + qb'y' \geqq (pa' + qb')(px' + qy')$$

∴　左辺 - 右辺 $\geqq 0$

×　　　　　　　　　　×

この証明は，3項の場合の不等式を，線型性を利用して，2項の場合で，しかも正の数の場合にかえる点に特徴がある.

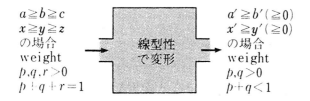

この方式を一般の場合にあてはめると，

$$a_1 \geqq a_2 \geqq \cdots \geqq a_{n-1} \geqq a_n \qquad b_1 \geqq b_2 \geqq \cdots \geqq b_{n-1} \geqq b_n$$

についてのチェビシェフの不等式の証明は

$$a_1' \geqq a_2' \geqq \cdots \geqq a_{n-1}'(\geqq 0) \qquad b_1' \geqq b_2' \geqq \cdots \geqq b_{n-1}'(\geqq 0)$$

についてのチェビシェフの不等式の証明に帰着させることができる.

➡**注**　この線型性を利用した証明法は，本部均氏の発想である．月刊「大学へ
の数学」（東京出版 1971 年 6 月号 p.53）

▨ 定 理 の 応 用 ▨

　最初にあげた例題 1 は，その一例である．この問題は，チェビシェ
フの不等式を用いなくとも，$y=-x-z$ を用いて y を消去して証明で
きる．しかし，もともと，チェビシェフの不等式から導いたものだか
ら，この不等式を用いれば，一気に解決される.

　仮定　$a \geqq b \geqq c$, $x \geqq y \geqq z$ から

$$\frac{ax+by+cz}{3} \geqq \frac{a+b+c}{3} \cdot \frac{x+y+z}{3}$$

ところが仮定によって $x+y+z=0$ だから

$$ax+by+cz \geqq 0$$

Tehebychef
（ソ連 1821〜1894）

　入試のときは，チェビシェフの不等式は解法発
見の手段と考え，そしらぬふりをして

$$3(ax+by+cz)-(a+b+c)(x+y+z)$$

を変形すればよいだろう.

―――― 例題 3 ――――

　a, b, c が正の数のとき，次の式を証明せよ.

$$\frac{a^5+b^5+c^5}{3} \geqq \frac{a^3+b^3+c^3}{3} \cdot \frac{a^2+b^2+c^2}{3}$$

（日本大）

これは，3項の場合のチェビシェフの不等式（例題2の(2)）に置きかえを試みて導かれる．

a,b,c の大小順を $a \geqq b \geqq c (>0)$ と仮定しても，一般性を失わない．この仮定のもとで

$$a^3 \geqq b^3 \geqq c^3, \qquad a^2 \geqq b^2 \geqq c^2$$

次に

$$\frac{a^5+b^5+c^5}{3} = \frac{a^3 \cdot a^2 + b^3 \cdot b^2 + c^3 \cdot c^2}{3}$$

この右辺にチェビシェフの不等式をあてはめると，証明する不等式の右辺が導かれる．

───── 例題 4 ─────

$\triangle ABC$ において $BC=a$, $CA=b$, $AB=c$, $\angle A=\alpha$, $\angle B=\beta$, $\angle C=\gamma$ とおくとき

$$\frac{a\alpha+b\beta+c\gamma}{a+b+c}$$

の最小値を求めよ．ただし α, β, γ の単位はラジアンとする．

この解法も，予備知識として，チェビシェフの不等式を知っているかどうかで，大きな差がつくだろう．三角形では，辺の大小順と，それらの辺に対応する角の大小順とは一致する．そこで，いま，かりに $a \geqq b \geqq c$ とすると $\alpha \geqq \beta \geqq \gamma$ となるから，チェビシェフの不等式が成り立つための条件をみたしている．したがって

$$\frac{a\alpha+b\beta+c\gamma}{3} \geqq \frac{a+b+c}{3} \cdot \frac{\alpha+\beta+\gamma}{3}$$

$$\therefore \quad \frac{a\alpha+b\beta+c\gamma}{a+b+c} \geqq \frac{\alpha+\beta+\gamma}{3}$$

ところが $\alpha+\beta+\gamma=2\pi$ だから

$$\frac{a\alpha+b\beta+c\gamma}{a+b+c}\geqq\frac{2\pi}{3}\quad(一定)$$

等号は $a=b=c$ $(\Longleftrightarrow\alpha=\beta=\gamma)$ のとき成り立つから, 左辺の式の最小値は $\frac{2\pi}{3}$ である.

―――― 例題5 ――――

a,b,c が正の数のとき, 次の不等式を証明せよ. 等号の成り立つのは, どんな場合か.

$$(a+b+c)\left(\frac{1}{a}+\frac{1}{b}+\frac{1}{c}\right)\geqq9$$

関数 $\varphi(x)=-\frac{1}{x}$ $(x>0)$ を考えると, これは単調増加であるから

$$a\geqq b\geqq c \text{ とすると } -\frac{1}{a}\geqq-\frac{1}{b}\geqq-\frac{1}{c}$$

よって, チェビシェフの不等式によって

$$\frac{a\left(-\frac{1}{a}\right)+b\left(-\frac{1}{b}\right)+c\left(-\frac{1}{c}\right)}{3}\geqq\frac{a+b+c}{3}\cdot\frac{-\frac{1}{a}-\frac{1}{b}-\frac{1}{c}}{3}$$

$$-9\geqq-(a+b+c)\left(\frac{1}{a}+\frac{1}{b}+\frac{1}{c}\right)$$

$$\therefore\quad(a+b+c)\left(\frac{1}{a}+\frac{1}{b}+\frac{1}{c}\right)\geqq9$$

等号の成り立つのは $a=b=c$ $\left(\Longleftrightarrow\frac{1}{a}=\frac{1}{b}=\frac{1}{c}\right)$ のときに限る.

×   ×

この不等式のよく見かける証明は, 相加平均と相乗平均の大小関係を用いるものである.

$$\frac{a+b+c}{3} \geqq \sqrt[3]{abc} \qquad\qquad \frac{\frac{1}{a}+\frac{1}{b}+\frac{1}{c}}{3} \geqq \sqrt[3]{\frac{1}{abc}}$$

この2式の左辺どうし，右辺どうしをかけてみよ.

　　　　　×　　　　　　　　　　×

もっとも平凡なのは，両辺の差をとるもの.

例題 2-(2) の証明にならうと

$$右辺 - 左辺 = (a-b)\left(\frac{1}{a}-\frac{1}{b}\right)+(a-c)\left(\frac{1}{a}-\frac{1}{c}\right)+(b-c)\left(\frac{1}{b}-\frac{1}{c}\right)$$

となるはず. かきかえて

$$右辺 - 左辺 = -\frac{(a-b)^2}{ab}-\frac{(a-c)^2}{ac}-\frac{(b-c)^2}{bc} \leqq 0$$

等式が $a=b=c$ の場合に限って成り立つこともあきらか.

● 練 習 問 題 (3) ●

11. a,b,c が正の数のとき，不等式

$$\frac{a^3+b^3+c^3}{3} \geqq \frac{a+b+c}{3}\cdot\frac{a^2+b^2+c^2}{3}$$

を，次の2つの方法で証明せよ.

(1) チェビシェフの定理を用いる.

(2) 「左辺－右辺」を変形する.

12. 例題1を，$y=-(x+z)$ を用いて y を消去し，証明せよ.

13. x,y,z が $x+y+z=1$, $x\geqq y\geqq z$ をみたしながら変化するとき，

$$ax+by+cz$$

の最大値を求めよ.

　　ただし a,b,c は定数で $a<b<c$ とする.

14. 不等式

$$n\cdot 1+(n-1)\cdot 2+\cdots+1\cdot n < n\left(\frac{n+1}{2}\right)^2 \quad (n \text{ は } 1 \text{ より大きい自然数})$$

を，次の2つの方法で証明せよ．

（1）　数学的帰納法

（2）　左辺の数列の和を求める方法

（3）　チェビシェフの不等式を用いる方法

15.　次の不等式を証明せよ．

$$a,b,c>0 \text{ のとき} \qquad \frac{a+b+c}{3} \leqq \sqrt[3]{\frac{a^3+b^3+c^3}{3}}$$
（京都医大）

16.　n 項の場合のチェビシェフの不等式を証明せよ．

$$a_1 \geqq a_2 \geqq \cdots \geqq a_n \qquad b_1 \geqq b_2 \geqq \cdots \geqq b_n$$

$$p_1, p_2, \cdots, p_n > 0, \quad p_1 + p_2 + \cdots + p_n = 1$$

のとき

$$\sum_{r=1}^{n} p_r a_r b_r \geqq \left(\sum_{r=1}^{n} p_r a_r\right)\left(\sum_{r=1}^{n} p_r b_r\right)$$

4.方程式と漸化式

▨ 漸化式の楽屋裏 ▨

　高校数学や大学入試における漸化式は，数列を一般項の関係で定義することに主眼があるらしい．そのためか，漸化式から一般項を求める問題，さらに，収束・発散を調べて，極限値を求める問題が多い．その過程で，極限値を予想するために，方程式を利用することはあるが，方程式を解くことが主眼にはなっていない．

　応用数学，とくに最近話題のコンピュータからみると，話は逆で，方程式や微分方程式を解く課題が先にあって，そのために，漸化式が作られ，その極限として，解を求めることが主流になろう．

　図式で要約してみる．

高校・大学入試の漸化式

$$\text{漸化式} \xrightarrow{\;\text{方程式}\;} \text{一般項} \xrightarrow{\;\text{収束}\;} \text{極限値}$$

応用数学の漸化式

$$\text{方程式} \xrightarrow{\;\text{数値解析}\;} \text{漸化式} \xrightarrow{\;\text{近似計算}\;} \text{極限値}$$

　方程式を解くために，どんな漸化式を作れば，収束が速く，しかも，計算が楽かといった理論をやるのが**数値解析**という数学の一分野である．極限値は，応用上は必要な精度をみたす近似値がわかればよいから，その計算は近似計算で，最近はコンピュータによる．

　この応用数学の立場は，入試問題の楽屋裏のようなもので，そこを覗いておくと，問題のからくりがわかり，解き方の予想，進め方にあたって，意外と役に立つ．

入試問題の楽屋裏をのぞけ.

▨ 最近の入試問題から ▨

　入試の漸化式といえば, 従来は主として1次のもの(線型ともいう)であったが, 最近はポツポツと2次のものが現われる. 1次のものは一般項を求める原理が研究されている. とくに入試にでるものは, 一般項が求めやすいように作ってあるから, それを用いて極限値を出すことができる.

　ところが, 2次になると, 一般項を求めることは容易でないから, 収束・発散を何んらかの方法で確かめ, 収束するときは, その極限値を求めることが課題になる.

　最近の入試の中から, 2次の漸化式の代表例をひろってみよう.

――――― **例題 1** ―――――――――――――――――――――――

a は $1<a<2$ をみたす定数とする.

$$x_1=a,\ x_{n+1}=\frac{x_n{}^2+2}{3}$$

によって定められる数列 $x_1,x_2,\cdots,x_n,\cdots$ について，次の問に答えよ.

(1)　$1<x_n<a$　　$(n=2,3,\cdots)$

(2)　$x_n-1\leqq\dfrac{a+1}{3}(x_{n-1}-1)$　　$(n=2,3,\cdots)$

(3)　この数列の極限値を求めよ.　　　　　　　　　　　　（京　大）

―――――――――――――――――――――――――――――

これは京大の問題で，次のは東大の問題である.

――――― **例題 2** ―――――――――――――――――――――――

正数 x を与えて

$$2a_1=x,\ 2a_2=a_1{}^2+1,\ \cdots\cdots,\ 2a_{n+1}=a_n{}^2+1,\ \cdots\cdots$$

のように数列 $\{a_n\}$ を定めるとき

(1)　$x\neq2$ ならば

$$a_1<a_2<\cdots<a_n<\cdots$$

となることを証明せよ.

(2)　$x<2$ ならば，$a_n<1$ となることを証明せよ. このとき，正数 ε を $1-\dfrac{x}{2}$ より小となるようにとって，$a_1,a_2,\cdots,a_n$ までが $1-\varepsilon$ 以下となったとすれば，個数 n について，次の不等式が成り立つことを証明せよ.

$$2-x>n\varepsilon^2$$　　　　　　　　　　　　　　　　　　（東　大）

―――――――――――――――――――――――――――――

　例題 1,2 の漸化式はともに 2 次で，外観はよく似ているが，実際は，決定的な違いがある. その種明かしはあとへ回し，問題の内容に目を

通すと，例題１では，極限値を求めさせるが，例題２には，それがない．しかも例題２には，見なれない不等式

$$2-x>n\varepsilon^2$$

がある．この不等式は何に必要なのか，尻切れトンボで，なんとなく後味が悪い．この種明かしも，あとへ回し，とにかく，例題１の略解を示し，そのあとで，本論へはいることにする．

〈例題１の解〉

（1）数学的帰納法によるほどの内容でもない．帰納的に考える程度というべきか．

$$x_n-1=\frac{x_{n-1}+1}{3}(x_{n-1}-1)$$

これと初期条件 $x_1>1$ とから $x_n>1$ はあきらかだから，$x_n<a$ を示せば十分である．

$$x_2-a=\frac{a^2+2}{3}-a=\frac{(a-1)(a-2)}{3}<0$$

$$\therefore \quad x_2<a \qquad\qquad ①$$

一般に

$$x_{n+1}-x_n=\frac{x_n+x_{n-1}}{3}(x_n-x_{n-1})$$

$$\therefore \quad x_{n-1}>x_n \Rightarrow x_n>x_{n+1}$$

① をもとにし，上の式を $n=2,3,\cdots$ と順に用いると

$$a=x_1>x_2>x_3>\cdots>x_n \qquad \therefore \quad 1<x_n<a$$

（2）$x_n-1=\frac{x_{n-1}+1}{3}(x_{n-1}-1)$

これに(1)を用いると $\quad 0<\frac{x_n+1}{3}\leqq\frac{a+1}{3}$

しかも $x_{n-1}-1$ は正だから $\quad x_n-1\leqq\frac{a+1}{3}(x_{n-1}-1)$

見て考えるだって …… ナルホド.

(3) $\dfrac{a+1}{3}=k$ とおくと $0<k<1$

$$|x_n-1|\leqq k|x_{n-1}-1|$$

これを反復利用して

$$|x_n-1|\leqq k^{n-2}|x_2-1|$$

$n\to\infty$ のとき $|x_n-1|\to 0$ $\therefore$ $x_n\to 1$

▨ 漸化式とグラフ ▨

人間は頭で考えるというが，実際は視覚の力をかりて考える．つま

り「見て考える」のである．これを数学に当てはめると，「記号か図を見て考える」となるだろう．記号は論理を助け，図は直観を助ける．漸化式は，グラフで表わしてみると，収束・発散は一目瞭然，極限値の予想も可能である．

数列が α に収束したとすると $x_n \longrightarrow \alpha$, $x_{n+1} \longrightarrow \alpha$ したがって，与えられた漸化式から $\alpha = \dfrac{\alpha^2 + 2}{3}$. α は，方程式 $x = \dfrac{x^2 + 2}{3}$ の根である．この方程式を 2 つに分解するところがミソ．

$$\begin{cases} y = \dfrac{x^2 + 2}{3} & ① \\ y = x & ② \end{cases}$$

① に $x = x_1$ を代入したときの y の値が x_2, これを ② に代入して $x = x_2$, 再び，① に $x = x_2$ を代入すると，そのときの y の値が x_3 で，これを ② に代入して $x = x_3$, 以下同様のことを反復する．

この反復を，グラフ上に図解するのはやさしい．直線 $y = x$ は，y 座標の値を x 座標へ移す役割をはたす．

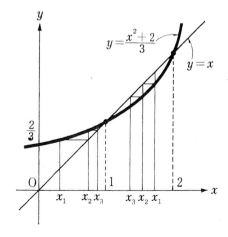

初期値 x_1 をいろいろの位置にとり，図をかいてみると，区間 $(-2,$

2) にとったときは 1 に収束し, 区間 $(-\infty, -2)$, $(2, +\infty)$ にとった
ときは発散する. 2 のときは, 2 に停止, -2 のときは 2 へ移って停
止, となるから漸化式の対象にはしなくてよい.

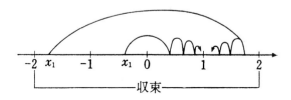

数列の増減は, 図上で検討してほしい.

▩ 漸化式の作り方 ▩

例題 1 は, 見方をかえると, 2 次方程式 $x^2 - 3x + 2 = 0$ の実根を求
めるために, 漸化式を作った. 作り方の過程をみると, この方程式を

$$x = \frac{x^2 + 2}{3} \qquad\qquad ①$$

と変形し, これを漸化式

$$x_{n+1} = \frac{x_n{}^2 + 2}{3} \qquad\qquad ②$$

にかえた. なぜ ① から ② が出るのだろうか. ① の根の近似値 x_n を
① に代入したとすると

$$x_n \fallingdotseq \frac{x_n{}^2 + 2}{3}$$

したがって, 右辺は第 2 の近似値とみられ, x_{n+1} とおくと, ② がえ
られるのである.

もとの 2 次方程式を ① のような形, すなわち

$$x = F(x)$$

の形にかえる方法はいくらでもある.

たとえば

$$x = 3 - \frac{2}{x} \tag{③}$$

これから漸化式

$$x_{n+1} = 3 - \frac{2}{x_n} \tag{④}$$

を作ってもよい. この漸化式は, x_{n+1} が x_n の1次の分数式で, 入試ではおなじみのタイプに属し, 一般項が求められる.

③の2根を α, β とすると

$$\alpha = 3 - \frac{2}{\alpha}, \quad \beta = 3 - \frac{2}{\beta}$$

これらの式をそれぞれ④から引いてみよ.

$$x_{n+1} - \alpha = \frac{2}{\alpha x_n}(x_n - \alpha) \qquad x_{n+1} - \beta = \frac{2}{\beta x_n}(x_n - \beta)$$

$$\therefore \quad \frac{x_{n+1} - \alpha}{x_{n+1} - \beta} = \frac{\beta}{\alpha} \cdot \frac{x_n - \alpha}{x_n - \beta}.$$

$\alpha = 2$, $\beta = 1$ を代入し, $\frac{x_n - 2}{x_n - 1} = X_n$ とおくと $X_{n+1} = \frac{1}{2} X_n$ となるから

$$X_n = \frac{1}{2^{n-1}} X_1$$

置きもどして, x_n について解けば, 一般項が求められる. また上の式から

$$n \to \infty \text{ のとき } X_n \to 0 \quad \therefore \quad x_n \to 2$$

$$\times \qquad\qquad \times$$

おや変だと思いませんか. 例題1では1に収束したのに, 新しく作った漸化式④では, 2に収束する. このように, 解こうとする方程式は同じであっても, 漸化式がちがうと, 求められる根は一致しないこ

とがある. そこで, さらに, 漸化式を作り, テストしよう.

$x^2 - 3x + 2 = 0$ を変形して

$$x^2 = 3x - 2 \qquad x = \pm\sqrt{3x - 2}$$

プラスの方をとって, 漸化式

$$x_{n+1} = \sqrt{3x_n - 2}$$

を作る. この場合は, 2と1のどちらに収束するだろうか. 2つの方
程式 $y = x$, $y = \sqrt{3x - 2}$ のグラフでみるのが早い.

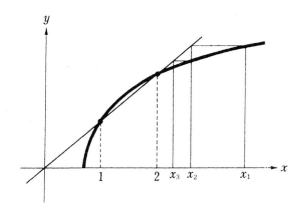

　初期値 x_1 を区間 $(1, 2)$ にとっても, $(2, +\infty)$ にとっても2に収束
するが, 区間 $\left(\dfrac{2}{3}, 1\right)$ にとると, すぐ, グラフ外にとび出し, 図解が
不可能になる. したがって, 求められる根は2である.

　これを計算で証明することも, 入試では, おなじみのもの.

　2に収束することを予想した上で

$$x_{n+1} - 2 = \sqrt{3x_n - 2} - 2$$

この右辺を有理化すると

$$x_{n+1} - 2 = \frac{3}{\sqrt{3x_n - 2} + 2}(x_n - 2)$$

いま，かりに，初期値 x_1 を 2 より大きく選んだとすれば

$$x_2=\sqrt{3x_1-2}>2, \qquad x_3=\sqrt{3x_2-2}>2$$

以下同様にして $x_n>2$ となるから

$$0<\frac{3}{\sqrt{3x_n-2}+2}<\frac{3}{4}$$

よって，

$$|x_{n+1}-2|<\frac{3}{4}|x_n-2|$$

$$|x_n-2|<\left(\frac{3}{4}\right)^{n-1}|x_1-2|$$

$0<\dfrac{3}{4}<1$ だから，$n\to\infty$ のとき $x_n\to2$

▨ 方程式解法の一般化 ▨

　以上で学んだことを一般化するのはやさしく，一般化による見透し
は素晴しい．

　2次方程式，高次方程式，分数方程式，三角方程式，……どんな方程式
でもよい．それを

$$f(x)=0 \qquad\qquad\qquad ①$$

としよう．これを

$$x=F(x) \qquad\qquad\qquad ②$$

の形に変形する．その変形が可能であることは，あとであきらかにな
る．ここで漸化式

$$x_{n+1}=F(x_n) \qquad\qquad\qquad ③$$

を作る．

　これに，適当な初期値 x_1 を与えて，数列

$$x_1, x_2, \cdots, x_n, \cdots$$

を作る. この数列が, もし収束したとし, その極限値を α とすると, $x_n \to \alpha$, $x_{n+1} \to \alpha$ となり, ③から $\alpha = F(\alpha)$, ゆえに α は $x = F(x)$ の根, したがって $f(x) = 0$ の根になる.

そこで, 問題は, 数列が収束するかどうかである. 収束するかどうかは, 初期値のとり方にも関係するが, どんな初期値をとっても, 発散することもあろう.

求めようとする根のおよその値は予想のつくことが多いから, 初期値は, その根になるべく近くとることにすればよい.

初期値を α に十分近くとったとして, α に収束するための十分条件をさぐってみよう.

α は $x = F(x)$ の根だから

$$\alpha = F(\alpha)$$

これを③からひくと

$$x_{n+1} - \alpha = F(x_n) - F(\alpha)$$

$F(x)$ が α の近傍において, 微分可能であったとすると, **平均値の定理**によって, 右辺は

$$F(x_n) - F(\alpha) = (x_n - \alpha)F'(c)$$

　　　　（ただし, c は x_n と α の間の数である.）

これと, さきの式とから

$$x_{n+1} - \alpha = F'(c)(x_n - \alpha)$$

$$|x_{n+1} - \alpha| = |F'(c)||x_n - \alpha| \qquad \text{④}$$

そこで, もしも $|F'(\alpha)| < 1$ であったとすれば, c を α に十分近くとれば $F'(c)$ の値は $F'(\alpha)$ にほとんど等しいから $|F'(c)| < k < 1$ な

る k が存在する．したがって④から

$$|x_{n+1}-\alpha|<k|x_n-\alpha| \qquad \therefore \quad |x_n-\alpha|<k^{n-1}|x_1-\alpha|$$

$0<k<1$ だから，$n\to\infty$ のとき $k^{n-1}\to 0$　　$\therefore$　$x_n \longrightarrow \alpha$

目的が達せられた．

以上でわかったことを，定理としてまとめておく．

　方程式 $x=F(x)$ の1実根 α の近傍において，$F(x)$ は微分可能で，しかも

$$|F'(\alpha)|<1$$

とする．このとき漸化式

$$x_{n+1}=F(x_n)$$

に，α の近傍の値 x_1 を初期値として与えて数列 $x_1,x_2,\cdots,x_n,\cdots$ を作れば，この数列は α に収束する．

　この定理は，誘導過程からわかるように，α に収束するための十分条件の1つであって，必要条件ではない．

　なお，さきの解説において

$$|F'(\alpha)|>1$$

ならば，

$$|x_{n+1}-\alpha|>k^{n-1}|x_1-\alpha| \qquad (k>1)$$

となるから，$n\to\infty$ のとき $|x_{n+1}-\alpha|\to\infty$　したがって $x_{n+1}\to+\infty$ or $-\infty$ となって，数列は α に収束しない．

　そこで，取り残された課題は

$$F'(\alpha)=1$$

の場合に収束するかどうかである．この場合は，先のような方法では

解明できない. 与えられた関数 $F(x)$ に応じて, 個別に検討しない限り, 収束かどうかはわからない.

$|F'(\alpha)|$ が1よりも小ならば α に収束し, 1よりも大ならば α に収束しないことを, グラフで確認し, 印象を深めておこう.

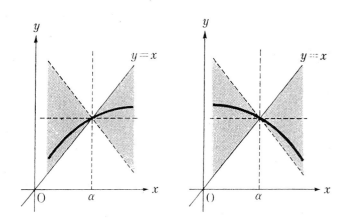

$F'(\alpha)$ は $y=F(x)$ のグラフ上の点 $x=\alpha$ における接線の傾きであるから, $|F'(\alpha)|$ が1より小さいことは, 接線が上図の陰影の部分にはいること, したがって $y=F(x)$ のグラフは, α の近傍において斜線の部分を通過することである.

そして $|F'(\alpha)|$ の値が小さいほど, 数列の収束のスピードは速くなり, 0のときに, 最高になる.

したがって, 収束を速くしたいときは, $F'(\alpha)$ が0に近いように, $F(x)$ を選べばよい.

$$\times \qquad\qquad \times$$

以上で知ったことを, 例題1にあてはめてみよう.

$$x=\frac{x^2+2}{3} \qquad\qquad ⑤$$

これも数学の応用なり …… ウヒヒヒ.

であったから

$$F(x) = \frac{x^2 + 2}{3}, \qquad F'(x) = \frac{2x}{3}$$

⑤の2根は1と2であった. これを $F'(x)$ に代入してみると

$$F'(1) = \frac{2}{3} < 1, \qquad F'(2) = \frac{4}{3} > 1$$

よって，初期値を1の近傍にとれば，数列は1に収束し，初期値を2
の近傍にとっても，数列は2に収束しない.

例題とは別に，最初に作った漸化式のときの変形は

$$x = 3 - \frac{2}{x}$$

であったから

$$F(x) = 3 - \frac{2}{x}, \quad F'(x) = \frac{2}{x^2}$$

$F'(x)$ に根を代入すると

$$F'(1) = 2 > 1, \quad F'(2) = \frac{1}{2} < 1$$

よって，初期値を2の近傍にとると，2に収束するが，1の近傍にとっても，1には収束しない．

▨ ニュートンの公式 ▨

方程式 $f(x) = 0$ を $x = F(x)$ の形に変形する方法は限りなくあるが，収束の速いものを作るには $F(\alpha) = 0$ となるものを選べばよかった．そのようなものを簡単に作るすぐれた方法が，ニュートンの近似法である．

$x = F(x)$ の実根の近似値の1つをx_nとし，その次の近似値を $x_n + \varepsilon$ とおいてみる．$x_n + \varepsilon$ を $f(x)$ に代入すると

$$f(x_n + \varepsilon) \fallingdotseq 0$$

左辺を近似式で置きかえると

$$f(x_n) + \varepsilon f'(x_n) \fallingdotseq 0 \qquad \therefore \quad \varepsilon \fallingdotseq -\frac{f(x_n)}{f'(x_n)}$$

$$x_n + \varepsilon \fallingdotseq x_n - \frac{f(x_n)}{f'(x_n)}$$

この右辺を，x_n の次の近似値にとり x_{n+1} とおくと

$$x_{n+1} = x_n - \frac{f(x_n)}{f'(x_n)}$$

これが，**ニュートンの公式**である．

この漸化式は，収束が速いことをあきらかにしておこう．

$$F(x) = x - \frac{f(x)}{f'(x)}$$

これを微分すると

$$F'(x) = \frac{f(x)f''(x)}{\{f'(x)^2\}}$$

x に α を代入すると $f(\alpha) = 0$ だから

$$F'(\alpha) = \frac{f(\alpha)f''(\alpha)}{\{f'(\alpha)\}^2} = 0 \quad (f'(\alpha) \neq 0)$$

これで，収束の速いことが証明された．

×　　　　　　　　　×

　ニュートンの公式のグラフ上の解釈は，きわめて興味深いものである．図解には2通りある．

　$y = F(x)$ のグラフを用いる場合

　$x = \alpha$ における接線は x 軸に平行である．

　$y = f(x)$ のグラフを用いる場合

　α は $f(x) = 0$ の根だから，$y = f(x)$ のグラフが x 軸と交わる点の x 座標が α である．

　$x = x_1$ に対応するグラフ上の

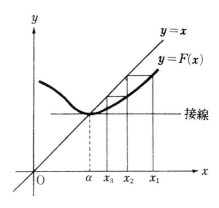

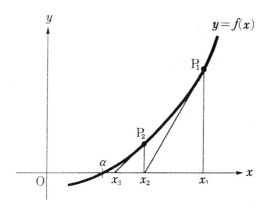

点を P_1 とすると，P_1 における接線の方程式は

$$y - f(x_1) = f'(x_1)(x - x_1)$$

この接線が x 軸と交わる点の x 座標は，$y=0$ とおいた方程式

$$0 - f(x_1) = f'(x_1)(x - x_1)$$

の根である．これを解いて

$$x = x_1 - \frac{f(x_1)}{f'(x_1)}$$

これを第 2 の近似値にとれば

$$x_2 = x_1 - \frac{f(x_1)}{f'(x_1)}$$

この式の x_1 を x_n に，x_2 を x_{n+1} にかき
かえると，ニュートンの公式が得られる.

Newton
(イギリス 1642〜1727)

　　　　　×　　　　　　　　　×

　ニュートンの公式を例題 1 の方程式 $x^2 - 3x + 2 = 0$ にあてはめてみ
る.

$$f(x) = x^2 - 3x + 2 \qquad f'(x) = 2x - 3$$

$$\therefore \quad x_{n+1} = x_n - \frac{x_n{}^2 - 3x_n + 2}{2x_n - 3}$$

$$x_{n+1} = \frac{x_n{}^2 - 2}{2x_n - 3}$$

ためしに，$x_1 = 1.2$ を代入してみると　$x_2 = 0.933$，$x_3 = 0.996$，急速に 1 に近づくことがわかる．

次に，　$x_1 = 2.2$ を選んだとすると　$x_2 = 2.03$，$x_3 = 2.0008$，1 の場合よりも急速に 2 に近づく．

▨ 例題 2 へ戻って ▨

例題 2 の漸化式は

$$a_{n+1} = \frac{a_n{}^2 + 1}{2}$$

方程式 $x = \dfrac{x^2 + 1}{2}$ の根を求めることから作った漸化式である．根は 1（重根）であるから，苦労して漸化式を用いなくともよいわけだが，それは楽屋裏の話．学生は「知らぬが仏」で取り組む仕掛になっている．

さて，定理をあてはめてみよう．

$$F(x) = \frac{x^2 + 1}{2}, \qquad F'(x) = x$$

根を代入すると $F'(1) = 1$ となって，定理のあてはまらない最悪の場合になった．

計算によるまでもなく，グラフによれば，放物線 $y = F(x)$ は，直線 $y = x$ に接するから，$F'(1) = 1$ は一目瞭然である．

初期値 a_1 を正にとれば，1 でない限りは，数列は増加する．(1)はこの証明を式の計算で示すことを要求している．例題 1 と大差ないか

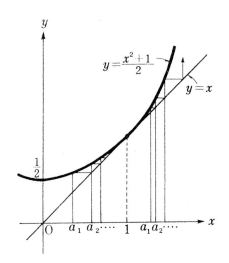

ら読者の練習として残しておく.

　むずかしいのは (2) の最後の不等式の証明である.

　仮定によると　　　$a_1, a_2, \cdots, a_n \leqq 1-\varepsilon$

かきかえて　　$1-a_1, 1-a_2, \cdots, 1-a_n \geqq \varepsilon$

　一方　$2(a_{n+1}-a_n)=a_n{}^2+1-2a_n=(1-a_n)^2 \geqq \varepsilon^2$

n に $1, 2, \cdots, n$ を代入して

$$2(a_2-a_1) \geqq \varepsilon^2$$

$$2(a_3-a_2) \geqq \varepsilon^2$$

$$\cdots\cdots\cdots\cdots$$

$$\cdots\cdots\cdots\cdots$$

$$2(a_{n+1}-a_n) \geqq \varepsilon^2$$

これらの両辺を加えて

$$2(a_{n+1}-a_1) \geqq n\varepsilon^2$$

　前もって, $a_n < 1$ は証明してあれば

$$2-x > 2a_{n+1} - 2a_1 = 2(a_{n+1} - a_1)$$

$$\therefore \quad 2-x \geqq n\varepsilon^2$$

× × ×

　例題の中にはないが，ここまでくれば，収束の気になる読者もおることと思う．さて，それでは，どうすればよいか．例題1にならうのが常道であろう．「1に収束する」予想を考慮して

$$|a_{n+1} - 1| = \frac{a_n + 1}{2}|a_n - 1|$$

ほしいのは $\dfrac{a_n + 1}{2} < k < 1$ となる定数 k である．すでに $a_n < 1$ は証明してあるが，a_n が1に限りなく近づけば，目的の定数 k は存在しない．一方，証明しようとしていることは $a_n \to 1$ であってみれば，証明の方針自体に矛盾があるわけで，完全に行詰った．

　振り出しにもどって再出発．わかっていることは

$$0 < a_1 < a_2 < \cdots < a_n < 1$$

つまり，数列は増加で，しかも，頭は1で押えられている．一般に「増加で，しかも，一定数を越えない数列は収束し，極限値もその定数を越えない」ことが知られている．この定理を用いると，上の数列は収束し，極限値を k とすると $k \leqq 1$ である．

　そこで，取り残された証明は，等号の成立にしぼられた，正攻法をあきらめ，背理法で考えよう．それには，もし $k < 1$ であったとすれば，矛盾に出会うことを示せばよい．

　数列は増加で，k に収束するのだから，数列のすべての項は k を越

えない. そこで, はじめの n 項をとってみると

$$a_1, a_2, \cdots, a_n \leqq k$$

k は例題2の $1-\varepsilon$ と同じ条件をみたすから $k=1-\varepsilon$ とおいて, $\varepsilon=1-k$ を, 例題の最後の式に代入すると

$$2-x>n(1-k)^2 \qquad \therefore \quad \sqrt{\frac{2-x}{n}}>1-k$$

n には制限がないから, どれほど大きく選んでもよい. ということは $n \to \infty$ のときも上の式が成り立つことで

$$1-k=0 \qquad \therefore \quad k=1$$

これは, $k<1$ に矛盾する.

以上によって, 例題2の最後の不等式は, 数列 $a_1, a_2, \cdots$ が1に収束することを証明する過程で現われたものらしいという, 楽屋裏が予想できたわけである. 当たるも八卦, 当たらぬも八卦という. この八卦が出題者の問題作成過程と一致しなかったとしても, 数学的にズバリ当っていることだけは真実である.

▨ 変形 $x=F(x)$ は常に可能か ▨

取り残した課題があった. 方程式

$$f(x)=0 \qquad\qquad\qquad ①$$

は, どんな方程式であっても,

$$x=F(x) \qquad\qquad\qquad ②$$

の形に変形できるだろうか. 結論をさきにいえば, 常に可能である. たとえば, $0=f(x)$ の両辺に x を加えてみよ.

$$x=x+f(x)$$

あきらかに，②のタイプ．そこで漸化式

$$x_{n+1}=x_n+f(x_n)$$

を作ればよい．

これに似た変形を，Nの立方根を求める漸化式の誘導に利用してみる．

$$x^3=N \Rightarrow x=\frac{N}{x^2}$$

両辺に$2x$を加えてから3で割ると

$$x=\frac{1}{3}\Big(2x+\frac{N}{x^2}\Big)$$

漸化式は

$$x_{n+1}=\frac{1}{3}\Big(2x_n+\frac{N}{x_n{}^2}\Big) \qquad\qquad ③$$

これを用いて，10の立方根の近似値を小数第2位まで求めてみる．初期値として2をとれば

$$x_1=2$$

$$x_2=\frac{1}{3}\Big(2\times2+\frac{10}{2^2}\Big)=2.166$$

$$x_3=\frac{1}{3}\Big(2\times2.166+\frac{10}{2.166^2}\Big)=2.139$$

$$x_4=\frac{1}{3}\Big(2\times2.139+\frac{10}{2.139^2}\Big)=2.154$$

10の3乗根の正しい値は 2.1544… であるから，x_4で目的を達した．

● 練 習 問 題 （4）●

17. 上の式③は，方程式 $x^3-N=0$ の実根を求めるニュートンの公

式に一致することを示せ.

18. $x_1=1, x_{n+1}=\sqrt{x_n+2}$ $(n=1,2,\cdots)$ で定められる数列は収束するか. 収束するならば極限値を求めよ.

（類題 慶応, 岩手医大, 大分大, その他多数）

19. つぎの式で定められる数列 $\{x_n\}$ がある.

$$x_0>0,\ x_{n+1}=\frac{1}{2}\left(\frac{a}{x_n}+x_n\right)$$

ただし, a と x_0 とは正の定数で, $x_0^2<a$ とする.

(1) $U_{n+1}=a-x_{n+1}^2$ を x_n で表わして, その符号を調べる.

(2) $n\geqq1$ のとき, $\left|\dfrac{U_{n+1}}{U_n}\right|$ と $\dfrac{1}{2}$ との大小を比較せよ.

(3) 数列 $\{U_n\}$ が収束することを証明して, U_n, x_n の極限値を求めよ.

（横浜市大）

$5.$ 二項方程式の原始根

大学入試にも流行がある.

▧ 二項方程式とは？ ▧

整方程式のうち，とくに

$$x^n = a \qquad (a \neq 0) \qquad\qquad ①$$

の形のものが**二項方程式**で，これを解けば a のすべての **n 乗根**が求められる.

a の n 乗根の１つを α として，$y\alpha = x$ とおくと，$y^n \alpha^n = a$，ところが $\alpha^n = a$ だから

$$y^n = 1 \qquad\qquad ②$$

となる.

② の解がわかれば，それを α 倍することによって，① の解はすべ

て分る. したがって, ②は, 二項方程式の基礎になる.

この方程式に関する入試問題は, 古くからある. 一時は見捨てられた感じであったが, 最近また見直されたのか, かなり, 凝ったものがでるようになった. 流行は 10 年サイクルで 繰り返すといわれているが, 入試問題にも流行があって, リバイバルブームが起きるとは意外であろう. 同じ人間のやることだから, 数学だけ例外とはいかないものとみえる.

▨ 入試問題から ▨

一般論にはいる前に, 実例をあげて, 読者の興味を喚起しよう. 問題はたくさんあるが, 典型的といえるものを 2 題拾ってみた.

――― 例題 1 ―――

$x^7=1$ の虚根の 1 つを α とするとき

$$(1-\alpha)(1-\alpha^2)(1-\alpha^3)(1-\alpha^4)(1-\alpha^5)(1-\alpha^6)$$

の値を求めよ.　　　　　　　　　　　　　　　　　　　　（法政大）

これに, 一見似てはいるが, 解き方に大きな差のみられるのが, 次の東大の問題である.

――― 例題 2 ―――

i を虚数単位として

$$\alpha=\cos\frac{\pi}{3}+i\sin\frac{\pi}{3}$$

とおく. また n はすべての自然数にわたって動くとする. このとき

(1)　α^n は何個の異なる値をとり得るか.

(2)　$\dfrac{(1-\alpha^n)(1-\alpha^{2n})\cdots(1-\alpha^{5n})}{(1-\alpha)(1-\alpha^2)\cdots(1-\alpha^5)}$

の値を求めよ.   (東 大)

　例題2は，予備知識が必要であるから，二項方程式の一般論のあと
へ回し，さし当って，例題1を解いて，話の糸口としよう．

　α は $x^7-1=0$ の根だから

$$\alpha^7=1 \tag{①}$$

ロバでも気づく．あの愛嬌者のロバを引合いに出しては気の毒である
が，「バカでも気づく」ではムードがなさ過ぎよう．

　①のままでは，本問を解く力がない．というのは，①は α が虚根
でなくとも成り立ち，$x^7-1=0$ の虚根の性格を完全に表現していな
いからである．

　$x^7-1=0$ の左辺を因数分解して

$$(x-1)(x^6+x^5+\cdots+x+1)=0$$

この方程式の実根は1だけで，残りはすべて虚根である．この事実
は証明を要するが，分っているものとして話をすすめる．

　虚根は $x^6+x^5+\cdots+x+1=0$ の根であるから

$$\alpha^6+\alpha^5+\cdots+\alpha+1=0 \tag{②}$$

これならば，虚根の性質を代表し，例題を解く力をもつはずである．

　与えられた式をバラバラと展開してもできるが，腕力主義を避ける
のが，数学の本性である．

$$1-\alpha^6=\alpha^7-\alpha^6=\alpha^6(\alpha-1),$$

同様にして $1-\alpha^5=\alpha^5(\alpha^2-1)$, $1-\alpha^4=\alpha^4(\alpha^3-1)$

これを用いれば，

$$与式=-\alpha\{(1-\alpha)(1-\alpha^2)(1-\alpha^3)\}^2$$

となるので，計算が多少楽にはなるが，まだ腕力主義の亜流のそしり

それ代入だ……ハイ答.

を受けよう.

　さて，エレガントな解答やいかに．与えられた式は

$$f(x)=(x-\alpha)(x-\alpha^2)\cdots(x-\alpha^6)$$

の x に 1 を代入したものであることに気づけば，扉は開かれる.

　代数の基本定理と呼ばれているガウスの定理によれば，n 次方程式
は n 個の根をもつから，6 次方程式

$$f(x)=x^6+x^5+\cdots+1=0$$

には 6 個の 根がある．それが $\alpha,\alpha^2,\cdots,\alpha^6$ であることがわかれば，
$f(x)$ は

$$f(x)=(x-\alpha)(x-\alpha^2)\cdots(x-\alpha^6)$$

と因数分解される.

　では，集合 $G=\{\alpha,\alpha^2,\cdots,\alpha^6\}$ は $f(x)$ の解集合と一致するだろうか．これを確かめるには，次の 2 つの事柄を検討しなければならない．

　(1)　どの数も 1 に等しくない．

　(2)　どの 2 数も異なる．

　この証明は，簡単なようで，高校生は苦手であり，それは，高校数学の欠陥にもつながる．初等的には，$\alpha^2,\alpha^3,\cdots,\alpha^6$ について 1 つ 1 つ検討すれば済む．たとえば $\alpha^3=1$ とすると，$(\alpha^3)^2=1$, $\alpha^6=1$, $\alpha^7=\alpha$, $\alpha=1$ となって矛盾．

　これを手際よくやろうとすると，整数論の知識が必要になる．6 以下の自然数を r とすると，r と 7 は互いに素であるから

$$rm+7n=1$$

をみたす整数 m,n が存在する．したがって

$$\alpha=\alpha^{rm+7n}=(\alpha^r)^m(\alpha^7)^n=(\alpha^r)^m$$

そこで，もしも $\alpha^r=1$ であったとすると $\alpha=1$ となって，α が虚数であることに矛盾する．

　これで (1) の証明は済んだ．

　(2) は (1) の利用で済む．もし

$$\alpha^a=\alpha^b \qquad (1\leqq a,\ b\leqq6,\ a>b)$$

であったとすると

$$\alpha^{a-b}=1 \qquad 1\leqq a-b<6$$

となって，(1) に矛盾する．

　以上で準備完了．

$$与式=f(1)=1^6+1^5+\cdots+1+1=7$$

　これが腕力でなく，頭で解いた答である．

▨ 二項方程式の一般論 ▨

二項方程式

$$x^n = 1 \qquad\qquad ①$$

の根の大部分は虚数であるから，極形式を用いてみよう．①の1つの根を α とすると

$$\alpha^n = 1, \ |\alpha^n| = |1|, \ |\alpha|^n = 1, \ |\alpha| = 1$$

となって，α の絶対値は1である．したがって α は，極形式によって

$$\alpha = \cos\theta + i\sin\theta \qquad\qquad ②$$

と表わされる．

説明を簡単にするため，$n=5$ の場合を考えてみる．α を5乗すれば，ド・モアブルの定理によって

$$\alpha^5 = \cos 5\theta + i\sin 5\theta$$

$\alpha^5 = 1$ であるから

$$5\theta = 2m\pi \qquad \theta = \frac{2\pi}{5}m$$

m は任意の整数だから，5で割った余りによって分類すると

$$5k+0, \ 5k+1, \ 5k+2, \ 5k+3, \ 5k+4$$

の5通りにクラス分けされる．これらに対応して，θ も

$$2k\pi, \ 2k\pi + \frac{2\pi}{5}, \ 2k\pi + \frac{4\pi}{5}, \ 2k\pi + \frac{6\pi}{5}, \ 2k\pi + \frac{8\pi}{5}$$

の5つにクラス分けされる．そこで，結局 α は，次の5つにしぼられる．

$$\cos 0 + i\sin 0 = 1 (= \alpha^5)$$

$$\cos\frac{2\pi}{5} + i\,\sin\frac{2\pi}{5} = \alpha$$

$$\cos\frac{4\pi}{5} + i\,\sin\frac{4\pi}{5} = \alpha^2$$

$$\cos\frac{6\pi}{5} + i\,\sin\frac{6\pi}{5} = \alpha^3$$

$$\cos\frac{8\pi}{5} + i\,\sin\frac{8\pi}{5} = \alpha^4$$

根の1つは1で，1でないものは，偏角が最小の正角のものを α とすると，残りは $\alpha^2, \alpha^3, \alpha^4$ で表わされる．

そこで $x^5 = 1$ の解集合を S_5 で表わせば

$$S_5 = \{1, \alpha, \alpha^2, \alpha^3, \alpha^4\}$$

以上のことを一般化しよう．$x^n = 1$ の根のうち偏角が最小の正角のものを α とすると

$$S_n = \{1, \alpha, \alpha^2, \cdots, \alpha^{n-1}\}$$

が解集合である．

　　　　　　　　　×　　　　　　　　　　　×

これらの解集合の図解としては，ガウス平面が最もふさわしい．ど

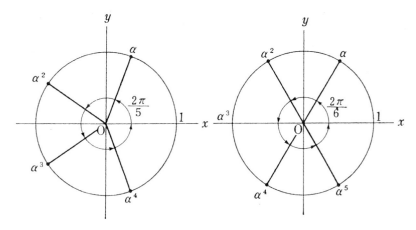

の根も，絶対値 1 だから，原点を中心とする単位円上にある．また偏角は公差が $\dfrac{2\pi}{n}$ の等差数列をなすから，単位円を n 等分する．

根のうち実数のものをみると，n が奇数のときは 1 だけで，偶数のときは 1 と -1 とである．

以上は，常識程度の内容であるが，念のため，要点の解説を試みた．

×　　　　　　×

この図解によって，例題 1 を見直すとどうなるだろうか．まず
$$\alpha^6 + \cdots + \alpha + 1 = 0$$
であるが，複素数はガウス平面上では，ベクトルともみられるから，7 つのベクトル $\overrightarrow{OA_0}, \overrightarrow{OA_1}, \cdots, \overrightarrow{OA_6}$ の和が $\overrightarrow{0}$ になることを示す．

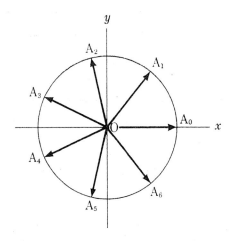

7 で割れば
$$\frac{\overrightarrow{OA_0} + \overrightarrow{OA_1} + \cdots + \overrightarrow{OA_6}}{7} = \overrightarrow{0}$$
これは，7 点の重心が原点に一致することで，正 7 角形の重心は原点に一致することを示す．

次に，$(1-\alpha)(1-\alpha^2)\cdots(1-\alpha^6)=7$ は，両辺の絶対値をとると

$$|1-\alpha||1-\alpha^2|\cdots|1-\alpha^6|=7$$

ところが $|1-\alpha|,|1-\alpha^2|,\cdots$ はそれぞれ $\overline{A_0A_1},\overline{A_0A_2},\cdots$ に等しいから，上の式は，これらの線分の積が 7 に等しいことを示す．

$$\overline{A_0A_1}\cdot\overline{A_0A_2}\cdots\cdots\overline{A_0A_6}=7$$

こんな等式が成り立つとは意外であろう．

▨ 応用の第 1 歩 ▨

予備知識が少しばかりできたから，先へ進む前に，応用をやってみる．

──── 例題 3 ────

$x^7-1=0$ の虚根を α とするとき，次の式の値を求めよ．

$$P=\frac{1}{1-a}+\frac{1}{1-\alpha^2}+\cdots+\frac{1}{1-\alpha^6}$$

いくら，ゴリ押しの好きな人でも，このままで通分して加える勇気はないだろう．

あれこれ考えた上で，例題 1 に似た変形をやるのは，高校生としては止むをえまい．

$$P=\frac{1}{1-\alpha}+\frac{1}{1-\alpha^2}+\frac{1}{1-\alpha^3}-\frac{\alpha^3}{1-\alpha^3}-\frac{\alpha^2}{1-\alpha^2}-\frac{\alpha}{1-\alpha}$$

$$=\frac{1-\alpha}{1-\alpha}+\frac{1-\alpha^2}{1-\alpha^2}+\frac{1-\alpha^3}{1-\alpha^3}$$

$$=3$$

もっと一般的な解き方を考えてみる．

与えられた式は分数式

$$g(x)=\frac{1}{x-\alpha}+\frac{1}{x-\alpha^2}+\cdots+\frac{1}{x-\alpha^6}$$

の x に1を代入したもの.

さて，それでは，$g(x)$ と既知の式 $f(x)$ との間にはどんな関係があるだろうか．両辺に $f(x)$ をかけて分母を払った式を作ってみる.

$$f(x)g(x)=(x-\alpha^2)(x-\alpha^3)(x-\alpha^4)\cdots(x-\alpha^6)$$
$$+(x-\alpha)(x-\alpha^3)(x-\alpha^4)\cdots(x-\alpha^6)$$
$$\cdots+(x-\alpha)(x-\alpha^2)(x-\alpha^4)\cdots(x-\alpha^5)$$

気づいた読者がおるだろう．この式は $f(x)$ を微分した式である．したがって

$$f(x)g(x)=f'(x) \qquad ①$$

ところが，$f(x)=x^6+x^5+\cdots+x+1$ であったから

$$f'(x)=6x^5+5x^4+\cdots+2x+1 \qquad ②$$

① と ② の x に1を代入すると

$$f(1)g(1)=f'(1) \qquad f'(1)=6+5+\cdots+2+1=21$$

またすでに知ったように

$$f(1)=7 \qquad \therefore \quad g(1)=\frac{f'(1)}{f(1)}=3$$

これでスカット解決された.

"微分して代入" は数学でしばしば応用される手である.

➡注1　$f(x)$ から $g(x)$ を導くには，**対数微分法**によると簡単である.
$$\log f(x)=\log(x-\alpha)+\log(x-\alpha^2)+\cdots$$
両辺を x について微分すると
$$g(x)=\frac{f'(x)}{f(x)}=\frac{1}{x-\alpha}+\frac{1}{x-\alpha^2}+\cdots$$
高校では虚数の対数を取扱わないが計算を形式的にまねることはできよう.

微分して代入 …… それ答.

➡️**注2**　$f'(x)=0$ の係数は正で，しかも，左から右へ進むにつれ小さいから，掛谷の定理（上巻 p. 111 参照）によって，根の絶対値は 1 より小さい．したがって，根は単位円の内部にある．

➡️**注3**　ガウスの定理（上巻 p.119 参照）によると，$f'(x)=0$ の根は，$f(x)=0$ の根の作る凸領域の内部にある．このことからも，$f'(x)=0$ の根が単位円内にあることがわかる．

▨ 解集合の性質 ▨

二項方程式 $x^n-1=0$ の解集合

$$S_n = \{1, \alpha, \alpha^2, \cdots, \alpha^{n-1}\}$$

の性質は，いろいろの側面から眺められるが，ここでは，乗法のレンズ

乗法も，除法も閉じている …… それが群だ.

を通して覗いてみよう.

　(1)　容易に気づくことは，この集合は乗法について閉じているこ
とである.

　$n=5$ の場合を例にとると

$$S_5 = \{1, \alpha, \alpha^2, \alpha^3, \alpha^4\}$$

$$\alpha \times \alpha^2 = \alpha^3 \in S_5, \quad \alpha^2 \times \alpha^3 = \alpha^5 = 1 \in S_5, \quad \alpha^3 \times \alpha^3 = \alpha^6 = \alpha \in S_5$$

　一般に $\alpha^m \times \alpha^n = \alpha^{m+n}$，$m+n$ を 5 で割ったときの余りを r とする
と $\alpha^m \times \alpha^n$ は α^r となって，S_5 に属する. この計算をすべての元につ
いて試みた結果が，次の表である.

$a \times b$ の 表

a＼b	1	α	α^2	α^3	α^4
1	1	α	α^2	α^3	α^4
α	α	α^2	α^3	α^4	1
α^2	α^2	α^3	α^4	1	α
α^3	α^3	α^4	1	α	α^2
α^4	α^4	1	α	α^2	α^3

S_5 のすべての元は複素数であるから，交換律と結合律をみたすのは当然である.

(2)　　　$ab = ba$　　　　　　　（交換律）

(3)　　　$(ab)c = a(bc)$　　　　（結合律）

(4)　次に乗法の逆算にあたる除法について閉じているだろうか.

$$\frac{\alpha^3}{\alpha^2} = \alpha \in S_5 \quad \frac{\alpha^2}{\alpha^3} = \frac{\alpha^2 \alpha^5}{\alpha^3} = \alpha^4 \ni S_5$$

一般に

$$\frac{\alpha^m}{\alpha^n} = \begin{cases} \alpha^{m-n} & (m > n) \\ 1 & (m = n) \\ \alpha^{m+5-n} & (m < n) \end{cases}$$

除法についても閉じていることがわかった.

数学では，ある集合 G の元が (1), (3), (4) の条件をみたすとき，G は**群**をなすという. S_5 では交換律 (2) もみたすから**可換群（アーベル群**ともいう）である.

なお，S_5 のすべての元は，

$$\alpha = \cos\frac{2\pi}{5} + i \sin\frac{2\pi}{5}$$

の累乗として表わされる．このように，すべての元が1つの元の累乗として表わされる群を**巡回群**という．$a^m \times a^n = a^{m+n} = a^{n+m} = a^n \times a^m$ から分るように，巡回群はすべて可換群なのである．

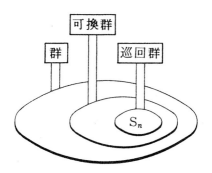

▨　原　始　根　▨

二項方程式 $x^n - 1 = 0$ の解集合 S_n において，個々の元の個性に立入って調べてみる．

(1)　$n = 5$ のとき　　$S_5 = \{1, \alpha, \alpha^2, \alpha^3, \alpha^4\}$

$1 = \alpha^5$ だから，この集合のすべての元は

$$\alpha = \cos\frac{2\pi}{5} + i\sin\frac{2\pi}{5}$$

の累乗を計算することによって作り出される．このように，5乗してはじめて1になる元は，5乗までに，すべての元を作り出す．この元を**原始5乗根**，または $x^5 - 1 = 0$ の**原始根**という．

では，α の代りに $\alpha^2 = \cos\frac{4\pi}{5} + i\sin\frac{4\pi}{5}$ をとればどうか．これを2乗，3乗，… してみると

$$(\alpha^2)^1 \quad (\alpha^2)^2 \quad (\alpha^2)^3 \quad (\alpha^2)^4 \quad (\alpha^2)^5 \quad (\alpha^2)^6 \cdots$$
$$\downarrow \qquad \downarrow \qquad \downarrow \qquad \downarrow \qquad \downarrow \qquad \downarrow$$
$$\alpha^2 \qquad \alpha^4 \qquad \alpha \qquad \alpha^3 \qquad 1 \qquad \alpha^2 \quad \cdots$$

1乗から5乗までの間に S_5 のすべての元が現われ，5乗以後は，同じ状態のくり返しになる．

α^3, α^4 についても同様である．

$$(\alpha^3)^1 \quad (\alpha^3)^2 \quad (\alpha^3)^3 \quad (\alpha^3)^4 \quad (\alpha^3)^5 \quad (\alpha^3)^6 \cdots$$
$$\downarrow \qquad \downarrow \qquad \downarrow \qquad \downarrow \qquad \downarrow \qquad \downarrow$$
$$\alpha^3 \qquad \alpha \qquad \alpha^4 \qquad \alpha^2 \qquad 1 \qquad \alpha^3 \cdots$$

$$(\alpha^4)^1 \quad (\alpha^4)^2 \quad (\alpha^4)^3 \quad (\alpha^4)^4 \quad (\alpha^4)^5 \quad (\alpha^4)^6 \cdots$$
$$\downarrow \qquad \downarrow \qquad \downarrow \qquad \downarrow \qquad \downarrow \qquad \downarrow$$
$$\alpha^4 \qquad \alpha^3 \qquad \alpha^2 \qquad \alpha \qquad 1 \qquad \alpha^4 \cdots$$

以上から，$\alpha, \alpha^2, \alpha^3, \alpha^4$ はいずれも $x^5 - 1 = 0$ の原始5乗根であることがわかった．

次に，第2の例として $n = 6$ の場合を調べてみる．

(2) $n = 6$ のとき

解集合は

$$S_6 = \{1, \alpha, \alpha^2, \alpha^3, \alpha^4, \alpha^5\}$$

ここで α は

$$\alpha = \cos\frac{2\pi}{6} + i\sin\frac{2\alpha}{6}$$

であって，$x^6 - 1 = 0$ の原始根である．

では，α 以外の元も原始根だろうか．累乗を実際に計算し，ようすをみよう．7乗以上はくり返しになるから，6乗まで計算すれば十分

n	1	2	3	4	5	6	7
$(\alpha^2)^n$	α^2	α^4	1	α^2	α^4	1	$\cdots$
$(\alpha^3)^n$	α^3	1	α^3	1	α^3	1	$\cdots$
$(\alpha^4)^n$	α^4	α^2	1	α^4	α^2	1	$\cdots$
$(\alpha^5)^n$	α^5	α^4	α^3	α^2	α	1	$\cdots$

である.

α^5 も 6 乗してはじめて 1 になるから原始 6 乗根である. その他の $\alpha^2, \alpha^3, \alpha^4$ は原始 6 乗根でない. 原始 6 乗根の指数 1,5 は 6 と互いに素で, 原始 6 乗根でない元の指数 2,3,4,6 $(1=\alpha^6)$ は 6 と互いに素ではない.

S_5 の場合は, 5 は素数であるから, 5 より小さい自然数はすべて 5 と互いに素であるために, $\alpha, \alpha^2, \alpha^3, \alpha^4$ はすべて原始 5 乗根になった.

以上のことを一般化すれば, 次のようになる.

$x^n - 1 = 0$ の根

$$\alpha^k = \cos\frac{2k\pi}{n} + i\,\sin\frac{2k\pi}{n} \qquad (1 \le k \le n)$$

は, k と n と互いに素ならば, 原始 n 乗根で, k と n が互いに素でないならば原始 n 乗根でない.

---

(1) k と n が互いに素のとき

α^k を m 乗 $(1 \le m \le n)$ してはじめて 1 になったとすると

$$\alpha^{km} = 1$$

km を n で割ったときの商を q, 余りを r とすると $km = nq + r$ であるから

$$\alpha^{nq+r} = (\alpha^n)^q \alpha^r = 1 \qquad \therefore \quad \alpha^r = 1 \qquad (0 \le r < n)$$

α は n 乗してはじめて 1 になる数であるから $r = 0$ とならざるをえない. よって

$$km = nq$$

k と n は互いに素であるから, m は n で割り切れる. これと $1 \le m \le n$

とから $m=n$ すなわち，α^k は n 乗してはじめて 1 になるから原始 n 乗根である．

(2)　k と n が互いに素でないとき

k, n の最大公約数を d とし，$k=hd$, $n=md$ とおくと $km=nh$

$$\therefore\quad \alpha^{km}=\alpha^{nh}=(\alpha^n)^h=1 \qquad \therefore\quad (\alpha^k)^m=1$$

m は n より小さいから，α^k は原始 n 乗根でない．

×　　　　　　　　　　　　×

$x^n-1=0$ の原始根，すなわち原始 n 乗根を $\lambda_1, \lambda_2, \cdots, \lambda_m$ とするとき

$$\phi_n(x)=(x-\lambda_1)(x-\lambda_2)\cdots(x-\lambda_m)$$

を**円周等分多項式**という．

この多項式を，$n=1, 2, \cdots$ と順に求めてみる．

$$\phi_1(x)=x-1$$
$$\phi_2(x)=x+1$$
$$\phi_3(x)=x^2+x+1$$
$$\phi_4(x)=x^2+1$$
$$\phi_5(x)=x^4+x^3+\cdots x+1$$
$$\phi_6(x)=x^2-x+1$$
$$\phi_7(x)=x^6+x^5+\cdots+x+1$$
$$\phi_8(x)=x^4+1$$
$$\phi_9(x)=x^6+x^3+1$$
$$\phi_{10}(x)=x^4-x^3+x^2-x+1$$
$$\phi_{11}(x)=x^{10}+x^9+\cdots+x+1$$
$$\phi_{12}(x)=x^4-x^2+1$$

　求め方は簡単である．たとえば $\phi_6(x)$ ならば，x^6-1 から，次数が 6 より小さい円周等分多項式を除けばよい．

$$x^6-1 \longrightarrow \frac{x^6-1}{x^3-1}$$

$$=x^3+1 \longrightarrow \frac{x^3+1}{\phi_2(x)} \longrightarrow x^2-x+1$$

また ϕ_{12} のときは

$$x^{12}-1 \longrightarrow \frac{x^{12}-1}{x^6-1}$$

$$=x^6+1 \longrightarrow \frac{x^6+1}{\phi_4(x)} \longrightarrow x^4-x^2+1$$

▨ 例題 2 へ戻って ▨

　以上の予備知識をもった上で，例題 2 へ立ち戻れば，問題は構造的に目にうつり，解き方も予見できよう．

　与えられた式

$$\alpha=\cos\frac{\pi}{3}+i\sin\frac{\pi}{3}=\cos\frac{2\pi}{6}+i\sin\frac{2\pi}{6}$$

から，α は $x^6-1=0$ の原始根であることがわかる．さらに問をみると

　(1)　α^n は何個の異なる値をとり得るか．

　α は原始根であるから，α^n は異なる 6 個の値 $1,\alpha,\alpha^2,\cdots,\alpha^5$ をとる．答案は，n を 6 で割った余りによって

　　　$6m,6m+1,\cdots,6m+5$

と分類し，α の極形式に代入し，異なる 6 個の複素数になることを示せばよい．

(2)　次の式の値を求める問である.

$$P = \frac{(1-\alpha^n)(1-\alpha^{2n})\cdots(1-\alpha^{5n})}{(1-\alpha)(1-\alpha^2)\cdots(1-\alpha^5)}$$

分子の α の累乗は　$G=\{\alpha^n,(\alpha^n)^2,\cdots,(\alpha^n)^5\}$ とみて，n を変化させる. n は6より大きくなると，同じ変化をくり返すことを示し，1から5までについて検討すればよいことをあきらかにする.

　　　　$n=1$ のとき　　　$G=\{\alpha,\alpha^2,\alpha^3,\alpha^4,\alpha^5\}$

分子は分母に一致するから　　$P=1$

$n=5$ のとき　　$G=\{\alpha^5,\alpha^4,\alpha^3,\alpha^2,\alpha\}$

分子と因数の順序は，分母の因数の順序と逆になるだけだから

　　　$P=1$

$n=2$ のとき　　$G=\{\alpha^2,\alpha^4,1,\alpha^2,\alpha^4\}$

分子は0だから　$P=0$

$n=0,3,4$ のときも同様にして　$P=0$

$$答\begin{cases} n=6m+1,\ 6m+5 \text{ のとき } P=1 \\ n=6m,\ 6m+2,\ 6m+3,\ 6m+4 \text{ のとき } P=0 \end{cases}$$

▨ 離散周期関数の表現 ▨

たとえば，自然数 n を3で割った余りを $f(n)$ で表わすと

n	1	2	3	4	5	6	7	8	9	$\cdots$
$f(n)$	1	2	0	1	2	0	1	2	0	$\cdots$

となって，周期関数になる. 変数 n は自然数で，ポッポッと飛んで変わる. このような変数は離散的であるという.

　上の周期関数は，ガウス関数の記号を用いれば

$$f(n) = \left[\frac{n}{3}\right]$$

と表わされるが, $x^3 - 1 = 0$ の虚根を用いれば別の表わし方がえられる. それに関する問題が, 今年はじめて入試に現われた.

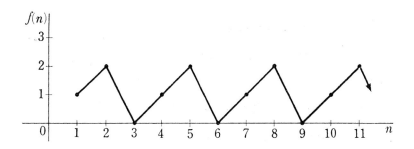

───── 例題 4 ─────────────────────────

1 の平方根 $1, -1$ を用いて, 数列

$$0, 1, 0, 1, 0, 1, \cdots$$

の第 n 項 a_n は, 次の式で表わされる.

$$a_n = \frac{1^n + (-1)^n}{2}$$

このことを参考にして, 1 の立方根 $1, \omega, \omega^2$ を用いて, 数列

$$0, 0, 1, 0, 0, 1, 0, 0, 1, \cdots$$

の第 n 項を表わす式をかけ. また, その式でよいことを証明せよ.

(広島大)

─────────────────────────────────────

3 つの関係

$$f_0(n) = 1^n, \quad f_1(n) = \omega^n, \quad f_2(n) = \omega^{2n}$$

を用いて, 上の第 n 項 $F(n)$ を表わすことを考えればよい.

n を変化させて, 上の 3 つの関数の値の変化を表にまとめてみる.

n	1	2	3	4	5	6	7	8	9	…
1^n	1	1	1	1	1	1	1	1	1	…
ω^n	ω	ω^2	1	ω	ω^2	1	ω	ω^2	1	…
ω^{2n}	ω^2	ω	1	ω^2	ω	1	ω^2	ω	1	…

$1^n, \omega^n, \omega^{2n}$ は周期3の周期関数である. このことは, $1, \omega, \omega^2$ がとも に $x^3-1=0$ の根であることから考えても当然である.

周期が3だから, $n=1,2,3$ のときに, 与えられた数列の $0,0,1$ と 一致させれば, それから先も完全に一致する. そこで

$$F(n) = af_0(n) + bf_1(n) + cf_2(n)$$

すなわち

$$F(n) = a + b\omega^n + c\omega^{2n}$$

とおいて, 未定係数 a,b,c を定めることにする.

$F(1)=0,\ F(2)=0,\ F(3)=1$ から

$$\begin{cases} a + b\omega + c\omega^2 = 0 & \text{①} \\ a + b\omega^2 + c\omega = 0 & \text{②} \\ a + b + c = 1 & \text{③} \end{cases}$$

この連立方程式を解けばよい. $\omega^2 + \omega + 1 = 0$ をうまく利用する.

$$①+②+③ \qquad 3a = 1$$

$$①\omega^2+②\omega+③ \qquad 3b = 1$$

$$①\omega+②\omega^2+③ \qquad 3c = 1$$

$$\therefore \quad a = b = c = \frac{1}{3}$$

$$F(n) = \frac{1 + \omega^n + \omega^{2n}}{3}$$

×   ×

周期 4 の場合には，1 の 4 乗根 $1, i, i^2, i^3$ すなわち $1, i, -1, -i$ を用いればよい．一般に周期 n のときは，1 の n 乗根 $1, \alpha, \alpha^2, \cdots, \alpha^{n-1}$ を用いればよい．

周期 4 の例を 1 つあげてみる．

$$4, 4, 4, 0, 4, 4, 4, 0, \cdots$$

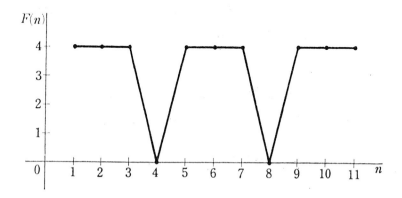

第 n 項を $F(n) = a + bi^n + ci^{2n} + di^{3n}$ とおいて，$F(1) = 4$，$F(2) = 4$，$F(3) = 4$，$F(4) = 0$ から a, b, c, d を決定すると

$$F(n) = 3 - i^n - (-1)^n - (-i)^n$$

▨ 意外な問題作り ▨

入試問題から話をはじめよう．

―――― 例題 5 ――――

$x^7 = 1$ のとき，次の式の値を求めよ．

$$P = \frac{x}{1 + x^2} + \frac{x^2}{1 + x^4} + \frac{x^3}{1 + x^6}$$

（横浜市大）

答は，$x = 1$ のとき $P = \dfrac{3}{2}$，$x \neq 1$ のとき $P = -2$ である．

値の求め方は読者におまかせして，問題の種明かしをしよう．与えられた式のままでは，式の構造が明確でない．各分数の分子，分母を x, x^2, x^3 で割ってみよ．

$$P=\cfrac{1}{x+\cfrac{1}{x}}+\cfrac{1}{x^2+\cfrac{1}{x^2}}+\cfrac{1}{x^3+\cfrac{1}{x^3}}$$

分母の式から，逆数方程式（相反方程式ともいう）を連想するだろう．原始7乗根を根とする方程式

$$x^6+x^5+x^4+x^3+x^2+x+1=0$$

は，あきらかに逆数方程式である．

これを解く代数的手段としては，両辺を x^3 で割って

$$\left(x^3+\frac{1}{x^3}\right)+\left(x^2+\frac{1}{x^2}\right)+\left(x+\frac{1}{x}\right)+1=0 \qquad ①$$

と変形し，$x+\dfrac{1}{x}=t$ とおいて，t の3次方程式を導くことが知られている．すなわち

$$x^2+\frac{1}{x^2}=t^2-2 \qquad x^3+\frac{1}{x^3}=t^3-3t$$

を代入すると

$$t^3+t^2-2t-1=0 \qquad ②$$

3次方程式の解き方は知られているから，それによって②を解けば，原始7乗根は求められる．しかし，式は複雑で，実用的価値は乏しい．

さて，$x^7=1$ を用い，①をかきかえてみよう．

$$x+\frac{1}{x}=x^6+\frac{1}{x^6},\quad x^2+\frac{1}{x}=x^9+\frac{1}{x^9},\quad x^3+\frac{1}{x^3}=x^4+\frac{1}{x^4}$$

これらの式を用いると，①は，次の2通りにかきかえられる．

$$\left(x^6+\frac{1}{x^6}\right)+\left(x^4+\frac{1}{x^4}\right)+\left(x^2+\frac{1}{x^2}\right)+1=0 \qquad ③$$

$$\left(x^9+\frac{1}{x^9}\right)+\left(x^3+\frac{1}{x^3}\right)+\left(x^3+\frac{1}{x^3}\right)+1=0 \qquad ④$$

したがって, $x^2+\frac{1}{x^2}=t$ とおくと, ③から②と同じ方程式が導かれ, また $x^3+\frac{1}{x^3}$ とおくと, ④から②と同じ方程式が導かれる.

ということは, 原始7乗根の1つを α とすると

$$A=\alpha+\frac{1}{\alpha}, \quad B=\alpha^2+\frac{1}{\alpha^2}, \quad C=\alpha^3+\frac{1}{\alpha^3}$$

は②の根になることである.

したがって, 根と係数の関係から

$$A+B+C=-1 \qquad ⑤$$

$$BC+CA+AB=-2 \qquad ⑥$$

$$ABC=1 \qquad ⑦$$

これをもとにすると, 横浜市大の問題は

$$P=\frac{1}{A}+\frac{1}{B}+\frac{1}{C}=\frac{BC+CA+AB}{ABC}=\frac{-2}{1}=-2$$

となって, 答が出てしまう.

さらに, いろいろの問題を作る糸口にもなるだろう.

図をみるまでもなく, α と $\frac{1}{\alpha},\alpha^2$ と $\frac{1}{\alpha^2},\alpha^3$ と $\frac{1}{\alpha^3}$ は互いに共役であるから, A,B,C は実数である. それらの値は, 根号で表わせば複雑な式にな

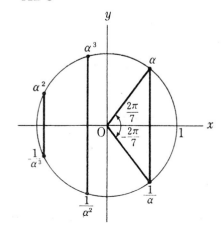

るが，対称式は意外に簡単な数である．

A, B, C は極形式を用いれば

$$A = 2\cos\frac{2\pi}{7}, \quad B = 2\cos\frac{4\pi}{7}, \quad C = 2\cos\frac{6\pi}{7}$$

これらを⑤,⑦に代入すると

$$\cos\frac{2\pi}{7} + \cos\frac{4\pi}{7} + \cos\frac{6\pi}{7} = -\frac{1}{2}$$

$$\cos\frac{2\pi}{7}\cos\frac{4\pi}{7}\cos\frac{6\pi}{7} = \frac{1}{8}$$

となって，意外な等式が導かれ，意外な問題を作成できる．

● 練 習 問 題 (5) ●

20. $x^7 - 1 = 0$ の根の1つを α とするとき，次の式の値を求めよ．

(1) $(1+\alpha)(1+\alpha^2)\cdots(1+\alpha^6)$

(2) $\dfrac{1}{1+\alpha} + \dfrac{1}{1+\alpha^2} + \cdots + \dfrac{1}{1+\alpha^6}$

(3) $\left(\alpha+\dfrac{1}{\alpha}\right)^2 + \left(\alpha^2+\dfrac{1}{\alpha^2}\right)^2 + \left(\alpha^3+\dfrac{1}{\alpha^3}\right)^2$

(4) $\dfrac{\alpha}{1+\alpha^2} + \dfrac{\alpha^2}{1+\alpha^4} + \dfrac{\alpha^3}{1+\alpha^6}$

21. 次の数列の第 n 項を $x^3 - 1 = 0$ の根を用いて表わせ．

$$3, 0, 1, 3, 0, 3, 0, 1, \cdots$$

22. 次の数列の第 n 項を $x^4 - 1 = 0$ の根を用いて表わせ．

$$1, 0, 2, 0, 1, 0, 2, 0, \cdots$$

23. $\alpha = \cos\dfrac{\pi}{5} + i\sin\dfrac{\pi}{5}$ のとき，次の式の値を求めよ．

(1) $(1-\alpha)(1-\alpha^3)(1-\alpha^7)(1-\alpha^9)$

(2)　$(1+\alpha)(1+\alpha^3)(1+\alpha^7)(1+\alpha^9)$

24.　次の式の値を求めよ.

(1)　$\cos\dfrac{2\pi}{7}+\cos\dfrac{4\pi}{7}+\cos\dfrac{6\pi}{7}$

(2)　$\cos\dfrac{2\pi}{7}\cos\dfrac{4\pi}{7}\cos\dfrac{6\pi}{7}$

$\textcircled{6}$. max, min と絶対値

▨ なぜむずかしい ▨

max, min と絶対値は，クイズ的で楽しいという人がおるが，一般には嫌いな人が多い．その原因は，どちらも，等式と不等式がまじっていて，取扱いがすっきりしないためであろう．

絶対値をみると，乗法と除法に関する公式

$$|ab| = |a||b|, \qquad \left|\frac{a}{b}\right| = \frac{|a|}{|b|}$$

は等式であるが，加法に関する公式

$$|a| + |b| \geqq |a + b|$$

は不等式である．これがもしも，つねに等号が成り立つのであったら，絶対値の取扱いはすごく簡単になるはずなのに…．

次に max, min をみると

$$\max\{a, b\} \geqq a, b \qquad \min\{a, b\} \leqq a, b$$

は不等関係である．では，等式の関係がないのかというと，そうでもない．

式を簡単にするため

$$\max\{a, b\} = a\nabla b \qquad \min\{a, b\} = a\Delta b$$

と表わしてみると，

$$a\nabla(b\Delta c) = (a\nabla b)\Delta(a\nabla c) \qquad a\Delta(b\nabla c) = (a\Delta b)\nabla(a\Delta c)$$

など，いろいろの等式が成り立ち，集合や論理に似た計算ができるのである．

数学は，ときどき思い出したように，バラバラに習うとむずかしいが，まとめて系統的に学び，そのカラクリがわかるところまで達すれ

ば見透しが立って意外とやさしいものである．max, min や絶対値が
むずかしいのは，バラバラの学習，未完成な学習の罪なのかも知れな
い．

　ある席で

$$|a|+|b|\geqq|a+b|$$

の証明が話題になった．

　両辺を平方してみるのが，よく知られている証明である．

$$(左辺)^2=a^2+b^2+2|ab| \qquad (右辺)^2=a^2+b^2+2ab$$

ここで $|ab|\geqq ab$ を使うと

$$(左辺)^2\geqq(右辺)^2 \qquad 左辺\geqq 右辺$$

これよりも，数直線を用いる証明がやさしいという意見が出た．

a,b を座標にもつ点をそれぞれ A, B としてみると

O が線分 AB 上にあるときは

$$\overline{OA}+\overline{OB}=\overline{AB} \qquad \therefore \quad |a|+|b|=|a-b|$$

O が線分 AB の延長上にあるときは

$$\overline{OA}+\overline{OB}>\overline{AB} \qquad \therefore \quad |a|+|b|>|a-b|$$

まとめると $|a|+|b|\geqq|a-b|$，b は任意の実数だから，b を $-b$ で置
きかえると

$$|a|+|b|\geqq|a+b|$$

が出る．

　このほかになさそうだというから，ボクはこんなのはどうかと，
max を用いた証明をあげてみた．

$$|a|=\max\{a,-a\}\geqq a,-a$$
$$|b|=\max\{b,-b\}\geqq b,-b \qquad ①$$

この2式から

$$|a|+|b| \geqq a+b, \ -(a+b) \tag{②}$$

$$|a|+|b| \geqq \max\{a+b, -(a+b)\} \tag{③}$$

$$|a|+|b| \geqq |a+b|$$

ところが意外, そんなの高校生にはむりだという意見が多数であった.

「どこがむずかしいですか」

「②から③へうつるところです. ①はなんとかなるが, ②から③のところはどうも…」

「不思議ですね. ボクは小学生でも楽にわかると思っていたのに…」

そんな馬鹿な, 大学の先生は現場を知らんな…といわんばかりの顔. そこで

「記号に ごまかされていませんか. ボクは内容を問題にしているのです. ゴジラはクラスのだれよりも背が高い. だから, ゴジラはクラスでいちばん背の高い者より高い. これが高校生にわからないとはどういうわけ…」

「それならわかりますが」

「同じことじゃないですか. $|a|+|b|$ は $a+b$ よりも, $-(a+b)$ よりも大きい. だから $a+b$ と $-(a+b)$ の大きい方より大きい. ②, ③はこれを式にかいただけです」

「やられました」

「表現のむずかしさと, 内容のむずかしさとは別でしょう. 表現を先走りさせないで, 内容を理解させ, そのあとで, 表現へと進む. これが指導法のコツじゃないですか」

というわけだから, 表現のむずかしさに迷わされず, その式が表わ

す内容に立ちかえり，さらに，わかりやすい具体例で理解することを
すすめたい.

▓ 高いところから見よう ▓

大学入試から問題をひろってみる.

───── 例題 1 ─────────────────────────

a, b, c, d が実数のとき，次の不等式を証明せよ.

$$|\max\{a, b\} - \max\{c, d\}| \le |a - c| + |b - d| \qquad （福井大）$$

────────────────────────────────────

さて，諸君なら，どんな解き方をするか.

ここに，興味ある解答があるから，その全文をあげて，話の糸口と
しよう.

×　　　　　　　　　　　　×

ある入試詳解の解

4つの場合に分けて証明する.

（ i ）　$a \ge b, \ c \ge d$ のとき

$$|\max\{a, b\} - \max\{c, d\}| = |a - c| \le |a - c| + |b - d|$$

$b = d$ のとき，等号が成り立つ.

（ ii ）　$a \le b, \ c \le d$ のとき

$$|\max\{a, b\} - \max\{c, d\}| = |b - d| \le |a - c| + |b - d|$$

$a = c$ のとき等号が成り立つ.

（iii）　$a \ge b, \ d \ge c$ のとき

$$|\max\{a, b\} - \max\{c, d\}| = |a - d|$$

　（イ）　$a \ge d$ のとき

$$|a - d| \le |a - c| \le |a - c| + |b - d|$$

（ロ）　$a<d$ のとき

$$|a-d|\leqq|b-d|<|a-c|+|b-d|$$

(iv)　$a\leqq b,\ c\geqq d$ のとき

$$|\max\{a,b\}-\max\{c,d\}|=|b-c|$$

（イ）　$b\geqq c$ のとき

$$|b-c|\leqq|b-d|\leqq|a-c|+|b-d|$$

$a=c=d$ のとき等号が成り立つ.

（ロ）　$b<c$ のとき

$$|b-c|\leqq|a-c|\leqq|a-c|+|b-d|$$

×　　　　　　　　　×

場合を4つに分けるとあるが, 実際は6つである.

場合分けを絶対するなとはいわないが, こう多くては抵抗を感じる. それに, うんざりして数学が嫌いにならないとも限らない. 数学には美しさがある. それはスカッと解決したときの喜びと表裏一体であってみれば, なおさらと思う.

数学の問題は「解けばいいんでしょ！」では済まない. いろいろの場合を1つに統合することも, 数学の重要な使命である. 1つにまとめられないなら, 場合をへらすことを試みても数学的精神にかなう.

そこで場合分けの少ない, スカッとした解き方をさぐってみよう.

×　　　　　　　　　×

特殊の場合を用いて, 一般の場合へせまる証明——これは数学でしばしば用いられる問題解法のパターンである.

たとえば, 中学の幾何で, "円周角が中心角の半分である"の証明をふり返ってみよ.

一般の場合の証明がむずかしいので，弦の1つが直径になる場合を証明し，それを手がかりとして一般の場合の証明に立ち向うだろう.

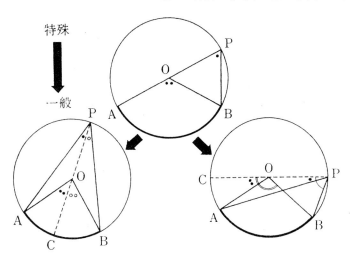

この解法のパターンを，先の例題1に用いればどうなるだろうか.

証明する不等式で $d=b$ となった特殊な場合を考えると，右辺の $|b-d|$ は消えてかなり簡単になる.

$$|\max\{a,b\} - \max\{c,b\}| \leqq |a-c|$$

式を簡単にするため，先に約束した ∇ を用いてかけば

$$|a\nabla b - c\nabla b| \leqq |a-c| \qquad \qquad ①$$

もし，①が証明できたとすると，これを用いることによって，もとの不等式は証明されるだろうか. $|a\nabla b - c\nabla d|$ は，$c\nabla b$ を仲立ちとして

$$|(a\nabla b - c\nabla b) + (c\nabla b - c\nabla d)| \leqq |a\nabla b - c\nabla b| + |c\nabla b - c\nabla d|$$

| | の中は，同じタイプの式であるから，第1式が $|a-c|$ 以下なら，第2式は $|b-d|$ 以下になるわけで，目的が達せられる.

結局 ① の証明に帰着した.

① は ∇ と絶対値がまじっている. どちらか一方に統一すれば大小の比較が容易になるだろう.

×　　　　　　　　　　×

はじめに, 絶対値を ∇ で表わす方法を考えてみる. x の絶対値は x と $-x$ の最大値だから

$$|x| = x \nabla (-x)$$

これを ① に用いると

$$|a\nabla b - c\nabla b| \leqq (a-c)\nabla(c-a)$$

絶対値をとりされば

$$\begin{cases} a\nabla b - c\nabla b \leqq (a-c)\nabla(c-a) & ② \\ c\nabla b - a\nabla b \leqq (a-c)\nabla(c-a) & ③ \end{cases}$$

2式をくらべてみると, ③ は ② の a,c をいれかえたものに過ぎないから, ② を証明すれば十分である.

② で移項すれば

$$a\nabla b \leqq c\nabla b + (a-c)\nabla(c-a) \qquad ④$$

この証明ならやさしい. ∇ の意味にもどってみよ.

$$c, b \leqq c\nabla b$$

$$a-c, 0 \leqq (a-c)\nabla(c-a)$$

2式を加えると $c+(a-c)=a$, $b+0=b$ だから

$$a, b \leqq c\nabla b + (a-c)\nabla(c-a)$$

右辺は a よりも大きく, b よりも大きいのだから, a,b の最大値 $a\nabla b$ より大きいのはあたりまえで ④ が成り立つ. したがって ② が成り立ち, 目的が達せられた.

×　　　　　　　　　×

第2の解き方として，∇を絶対値で表わす方法を検討してみよう．

ご存じの読者がいることと思うが，∇と△を絶対値で表わす等式としては，次の公式が有名である．

$$a\nabla b=\frac{a+b+|a-b|}{2} \qquad a\Delta b=\frac{a+b-|a-b|}{2}$$

これを確かめるだけならば，$a\geqq b$ のときと $a<b$ のときに分けてみればすぐわかることで問題ない．全く知らないものとして，公式を創作するのであったら，この場合分けは効果的でない．

2数 a,b のどちらか一方は最大値で，他方が最小値になることはあきらかだから

$$a\nabla b+a\nabla b=a+b$$

また，最大値から最小値をひいた差は $a\geqq b$ ならば $a-b$ で，$a<b$ ならば $b-a$ だから，まとめると $|a-b|$ となるので

$$a\nabla b-a\Delta b=|a-b|$$

上の2式を $a\nabla b$ と $a\Delta b$ について解けば，先の公式がえられる．

このほかに，数直線による図解や二次方程式を利用する方法がある．

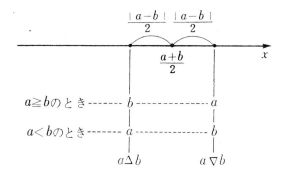

① の証明にもどる．上で知った公式を ① の左辺に代入すると

$$左辺 = |a\nabla b - c\nabla b| = \left| \frac{a+b+|a-b|}{2} - \frac{c+b+|c-b|}{2} \right|$$

$$= \left| \frac{(a-c)+|a-b|-|c-b|}{2} \right| \leqq \frac{|a-c|+||a-b|-|c-b||}{2}$$

ところが

$$||a-b|-|c-b|| \leqq |(a-b)-(c-b)| = |a-c| \qquad \text{⑤}$$

これを上の式に用いると

$$左辺 \leqq |a-c|$$

➡注　⑤ で用いた不等式は

$$||x|-|y|| \leqq |x-y| \qquad \text{⑥}$$

と内容的に同じ．これは $|x|+|y| \geqq |x+y|$ から導かれる．

$$|x-y|+|y| \geqq |x-y+y| = |x|$$
$$|x|-|y| \leqq |x-y|$$

x, y をいれかえて

$$|y|-|x| \leqq |x-y|$$

ここの2式をまとめたのが ⑥ である．

　一般に絶対値に関する不等式は

$$||x|-|y|| \leqq |x \pm y| \leqq |x|+|y|$$

を記憶しておけば，使用上は万全である．

×   ×

最後に ① を場合分けで証明してみる．

① の不等式は a と c をいれかえても変わらないから，仮定 $a \leqq c$ のもとで証明したので十分である．これと b を組合せると，3つの場合しか起きない．

$a \leqq b \leqq c$ のとき　　　左辺 $= |b-c|$

ところが，この場合には $|b-c| \leqq |a-c|$ だから　左辺 $\leqq$ 右辺

$b < a \leqq c$ のとき　　左辺 $= |a-c| =$ 右辺

$a \leqq c < b$ のとき　　左辺 $= |b-b| = 0 \leqq$ 右辺

この程度の場合分けなら辛抱できよう.

▨ 絶対値と距離 ▨

話を少し，しぼり，絶対値の性質のうち大小関係に焦点をあててみよう.

これも具体例からはいることにする.

―――― 例題 2 ――――――――――――――――――――――

a, b, c, d が実数のとき，次の不等式を証明せよ.

$$||a-b| - |c-d|| \leqq |a-c| + |b-d|$$

――――――――――――――――――――――――――――

例題 1 に似ているから，例題 1 の証明が参考になるような気がする.
特殊化を利用する解法のパターンはどうか.

d が b に等しくなった特殊の場合を考えると

$$||a-\boldsymbol{b}| - |c-\boldsymbol{b}|| \leqq |a-c|$$

これはすでに ⑤ で証明済み. 同様にして

$$||b-\boldsymbol{c}| - |d-\boldsymbol{c}|| \leqq |b-d|$$

この 2 式から，証明する不等式を導けばよい.

$|c-b|$ を添加して考える.

$$
\begin{aligned}
左辺 &= ||a-b| - |c-b| + |c-b| - |c-d|| \\
&\leqq ||a-b| - |c-b|| + ||b-c| - |d-c|| \\
&\leqq |a-c| + |b-d|
\end{aligned}
$$

　　　　　　×　　　　　　　　　　　×

　以上の証明に用いた絶対値の性質は，おもに大小関係であるから，絶対値の大小関係を総括してみる．

(0)　　　$|x| \geqq 0$

(1)　　　$|x| = 0 \iff x = 0$

(2)　　　$|x| = |-x|$

(3)　　　$|x| + |y| \geqq |x+y|$

　先の証明に現われた式をみると，2数の差の絶対値ばかりだから，この形にかえると

(0′)　　　$|a-b| \geqq 0$

(1′)　　　$|a-b| = 0 \iff a = b$

(2′)　　　$|a-b| = |b-a|$

(3′)　　　$|a-b| + |b-c| \geqq |a-c|$

　ここで見方をかえよう．$|a-b|$ は数直線上でみると，2点 A(a)，B(b) の距離であるから，$\overline{\mathrm{AB}}$ で表わすと，さらに次のようにいいかえられる．

(0″)　　　$\overline{\mathrm{AB}} \geqq 0$

(1″)　　　$\overline{\mathrm{AB}} = 0 \iff \mathrm{A} = \mathrm{B}$

(2″)　　　$\overline{\mathrm{AB}} = \overline{\mathrm{BA}}$

(3″)　　　$\overline{\mathrm{AB}} + \overline{\mathrm{BC}} \geqq \overline{\mathrm{AC}}$

　ここまでくると，実数は姿を消して，2点間の距離が表面に浮び上ってくる．

　そして，このような不等関係であったら，A, B, C は平面上の任意の点，さらに空間の任意の点でもよいではないかと疑問を抱くであろう．

　事実，以上の距離の性質は平面上でも，また空間でも成り立つ．

そうだとすると，さらに例題2の不等式を距離に直したものは，直線上でなくとも成り立つではないかとの予想も立ってくる.

そこで例題2の不等式をかきかえてみる.

$$|\overline{AB}-\overline{CD}|\leqq\overline{AC}+\overline{BD} \hspace{3cm} ①$$

幾何の知識は使えないものか.

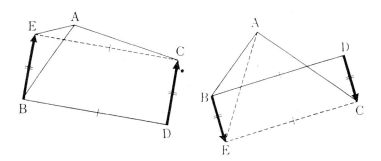

幾何では，線分が離れていると，大小をくらべにくい. AB と CD の一端を合わせるため，CD に平行移動を行なって，BE の位置へうつしてみると，DB は CE へうつり AC と DB もつながるから好都合. そして，証明する式は次のようにかわる.

$$|\overline{AB}-\overline{EB}|\leqq\overline{AC}+\overline{CE}$$

ここまでくれば証明はすんだようなもの

$\triangle ABE$ から　　　　$|\overline{AB}-\overline{EB}|\leqq\overline{AE}$

$\triangle ACE$ から　　　　$\overline{AE}\leqq\overline{AC}+\overline{CE}$

これで目的を果した.

　　　　　　　　　×　　　　　　　　　　×

平行移動を行なわないで①を証明する道があるだろうか.　①は絶対値を除くと

$$\begin{cases} \overline{AB} - \overline{CD} \leqq \overline{AC} + \overline{BD} \\ \overline{CD} - \overline{AB} \leqq \overline{AC} + \overline{BD} \end{cases}$$

さらに移項すると

$$\begin{cases} \overline{AB} \leqq \overline{AC} + \overline{CD} + \overline{DB} \\ \overline{CD} \leqq \overline{CA} + \overline{AB} + \overline{BD} \end{cases}$$

$\overline{AB}$ は A, B 間の最短距離で，右辺は A から出発して B に達する折れ線 ACDB の長さだから，第1の不等式の成り立つのは当然．第2の不等式についても同様である．実に平凡な事実から作り出された不等式であることがあきらかになった．

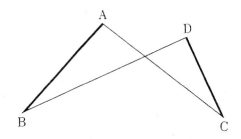

▨ max, min と and, or ▨

max, min は絶対値と関係が深いが，絶対値よりも，もっと関係の深いのは and, or すなわち論理学である．

and, or で，交換法則,結合法則,分配法則などが成り立つことは，ご存じであろう．はじめの2法則はあたりまえ過ぎるから，最後の分配法則だけをかいてみる．

and, or をこのままかくと式が長くなるから，論理学の記号をかり，それぞれ ∧, ∨ で表わすことにする．

and⋯∧　　　or⋯∨

分配法則は 2 つあった.

∧ の ∨ に対する分配法則

$$p \wedge (q \vee r) = (p \wedge q) \vee (p \wedge r) \qquad ①$$

∨ の ∧ に対する分配法則

$$p \vee (q \wedge r) = (p \vee q) \wedge (p \vee r) \qquad ②$$

∧ と ∨ をいれかえると, 上の 2 つの法則自身がいれかわる.

一方 max, min をみると, 交換法則, 結合法則はもちろんのこと, 分配法則も成り立つことが知られている.

max⋯∇　　　min⋯∆

分配法則だけをかいてみる. これにも 2 通りある.

∇ の ∆ に対する分配法則

$$a \nabla (b \Delta c) = (a \nabla b) \Delta (a \nabla c) \qquad ③$$

∆ の ∇ に対する分配法則

$$a \Delta (b \nabla c) = (a \Delta b) \nabla (a \Delta c) \qquad ④$$

×　　　　　　　×

and, or と max, min が, かくも似た法則によって支配されていると, 両者には親友どころか, アベックなみの深い関係のあることが予想されよう. それを探るのが次の課題である.

①, ②を用いれば③, ④は証明できるのではないか. もしそうだとすれば, max, min を and, or で表わすくふうから出発しなければならない.

x が $\{a, b\}$ の最大値であることは

$$\begin{cases} x \geqq a \quad \text{and} \quad x \geqq b \\ x = a \quad \text{or} \quad x = b \end{cases}$$

と表わされる.

これをもっと一般化して, x が $\{a,b\}$ の最大値以上になるための条件に目を向けると, 不思議と形が整って, 道が開けてくる.

x が $\{a,b\}$ の最大値以上ならば, x が a 以上で, かつ, x は b 以上で, かつこの逆も成り立つから

$$x \geqq a \nabla b \iff x \geqq a \wedge x \geqq b$$

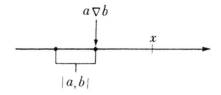

x が $\{a,b\}$ の最大値以下の条件はどうなるか. これは意外と知られていない. 考えにくいためであろうか.

結論からいうと, 上の式の不等号の向きを反対にし, さらに $\wedge$ を $\vee$ にかえるだけでよい.

$$x \leqq a \nabla b \iff x \leqq a \vee x \leqq b$$

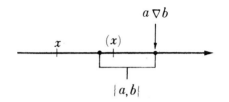

この式が成り立つことは, 上の図をみればあきらかであろう. 図によらなくとも, $a \leqq b$ のときと $a > b$ のときに分けて考えれば, 簡単に証明できる.

$\{a,b\}$ の最小値にも，上と同様の性質がある．

∇_1　$x \geqq a\nabla b \Longleftrightarrow x \geqq a \;\wedge\; x \geqq b$

∇_2　$x \leqq a\nabla b \Longleftrightarrow x \leqq a \;\vee\; x \leqq b$

Δ_1　$x \leqq a\Delta b \Longleftrightarrow x \leqq a \;\wedge\; x \leqq b$

Δ_2　$x \geqq a\Delta b \Longleftrightarrow x \geqq a \;\vee\; x \geqq b$

これを用いて，∇ の Δ に対する分配法則 ③ を証明してみよう．この問題はすでに大学入試にも姿をみせたから，例題3としておく．

――――― 例題3 ―――――――――――――――――――

a,b,c が実数のとき，$\{a,b\}$ の最大値を $a\nabla b$，最小値を $a\Delta b$ で表わすとき，次の等式を証明せよ．

$$a\nabla(b\Delta c)=(a\nabla b)\Delta(a\nabla c)$$

―――――――――――――――――――――――――――――

左辺を x，右辺を y とおくと，$x \geqq y$ の証明と $x \leqq y$ の証明に帰する．

$$x=a\nabla(b\Delta c) \quad ならば \quad x \geqq a\nabla(b\Delta c)$$

$$\therefore \quad x \geqq a \wedge x \geqq b\Delta c$$

第2式は or に分解されるから

$$x \geqq a \wedge (x \geqq b \vee x \geqq c)$$

ここで，$\wedge$ の $\vee$ に対する分配法則を用いると

$$(x \geqq a \wedge x \geqq b) \vee (x \geqq a \wedge x \geqq c)$$

次に逆コースをふみ，$\wedge,\vee$ を ∇,Δ にかきかえると

$$x \geqq a\nabla b \vee x \geqq a\nabla c$$

さらに　　$x \geqq (a\nabla b)\Delta(a\nabla c)$

$$\therefore \quad x \geqq y \qquad\qquad ①$$

まったく同様にして $x \leqq y$ を導く．

$$x = a\nabla(b\Delta c) \quad \text{ならば} \quad x \leqq a\nabla(b\Delta c)$$

$$\therefore \quad x \leqq a \vee x \leqq b\Delta c$$

$$\therefore \quad x \leqq a \vee (x \leqq b \wedge x \leqq c)$$

$\vee$ の $\wedge$ に対する分配法則を用いると

$$(x \leqq a \vee x \leqq b) \wedge (x \leqq a \vee x \leqq c)$$

$$\therefore \quad x \leqq a\nabla b \wedge x \leqq a\nabla c$$

$$\therefore \quad x \leqq (a\nabla b)\Delta(a\nabla c)$$

$$\therefore \quad x \leqq y \qquad\qquad\qquad ②$$

① と ② から　　　　$x = y$

以上のように，まったく機械的に証明される．

×　　　　　　　　　　　×

予備知識を用いないときは，場合分けに頼ることになろう．

　場合分けをするにしても，証明することがらをよくながめ，場合分けをへらすふうをするのが望ましい．

　∇, Δ について交換法則

$$x\nabla y = y\nabla x, \quad x\Delta y = y\Delta x$$

が成り立つことはあきらかだから，証明する等式は，b と c をいれかえても変わらない．このようなときは $b \leqq c$ の仮定のもとでの証明は，b と c をいれかえてもそのまま成り立つので $c \leqq b$ のときもあきらかになり，b, c の大小関係はすべて尽されることになる．

　それで「$b \leqq c$ とおいても一般性を失わない」などと断って，場合分けをへらして証明にはいることが広く行なわれている．

　$b \leqq c$ とすると，b, c と a との位置関係は 3 つの場合にしぼられる．

○　$b \leqq a \leqq c$ のとき

$$a \triangledown (b \triangle c) = a \triangledown b = a \qquad (a \triangledown b) \triangle (a \triangledown c) = a \triangle c = a$$

○　$a < b \leqq c$ のとき

$$a \triangledown (b \triangle c) = a \triangledown b = b \qquad (a \triangledown b) \triangle (a \triangledown c) = b \triangle c = b$$

○　$b \leqq c < a$ のとき

$$a \triangledown (b \triangle c) = a \triangledown b = a \qquad (a \triangledown b) \triangle (a \triangledown c) = a \triangle a = a$$

どの場合にも，両辺は等しい.

▨ 点と図形の距離 ▨

　話題をかえ，2点間の距離の考えを，点と図形の距離，さらに，2つの図形間の距離へと拡張してみよう.

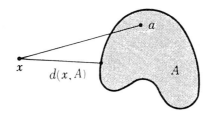

　点 x と図 A があるとき，この距離をどうきめたらよいか.　距離は最短の通路の長さと考えるのが自然であろう.

　そこで，図形 A 内の任意の点を a としたとき x と a の距離に最小値があるならば，それを点 x と図形 A の距離と呼ぶことにしよう.

　このような距離を表わす記号がほしいから，これを

$$d(x,A) \quad \text{または} \quad d(A,x)$$

と表わすことにする.

　2点 x,y の距離も，これにならって

$$d(x,y) \quad \text{または} \quad d(y,x)$$

と表わせばよい.

　点の距離については, 不等式

$$d(x,z) \leqq d(x,y) + d(y,z) \tag{①}$$

が成り立った.

　これを数学では **距離の三角不等式** という.

　絶対値の性質

$$|x-z| \leqq |x-y| + |y-z|$$

は, 数直線上の点でみると, 距離の三角不等式と同じものである.

　さて, ① の不等式は, 点 z を図形 A にかえても成り立つだろうか.

$$d(x,A) \leqq d(x,y) + d(y,A) \tag{②}$$

　すなわち, 点 x から図形 A へ行く最短距離は, 点 x から点 y に行き, そこから図形 A へ行く道のり以下になるだろうか.

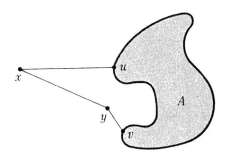

　図形 A の形には 制限がないとすると, この課題はとほうもなくむずかしいような気がする.

　一般がむずかしいなら, 特殊でゆけというわけで, 図形 A が直線である場合にあたってみると, あきらかに ② は正しい.

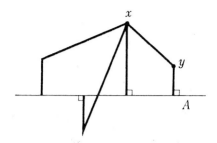

　A が線分のときはどうか．いろいろの場合が起きるが，②は正しい感じがする．

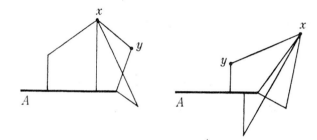

安心できないので，A が円の場合にも当たることにした．

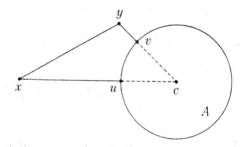

　図で，$d(x,u) \leqq d(x,y) + d(y,v)$ を証明すればよい．それには，$d(u,c) = d(v,c)$ を加えた

$$d(x,c) \leqq d(x,y) + d(y,c)$$

を示せばよい．ところが，これは点の距離の三角不等式で，成り立っ

ている.

これで, 円の場合にも ② は正しいことがわかった.

実例を何万あげてみたところで証明にはならないというわけで, 再び, 一般の図へもどってみる.

x から図形 A の最短の道を xu, y から図形 A への最短の道を yv としてみると, 点 x と図形 A との距離の定義から

$$d(x,u) \leqq d(x,v)$$

ところが, 三角不等式によって

$$d(x,v) \leqq d(x,y) + d(y,v)$$

そこで

$$d(x,u) \leqq d(x,y) + d(y,v)$$
$$\therefore \quad d(x,A) \leqq d(x,y) + d(y,A)$$

▨ 図形と図形の距離 ▨

初等幾何で点以外の図形と図形の距離をみると, 2直線間の距離, 平行な 2平面の距離, 平行な直線と 平面の距離, 2つの円の距離, 2つの球の距離など, かなり多い.

これをさらに一般化し, 2つの図形 A,B の距離を 考えることができる.

A,B の任意の点をそれぞれ a,b とするとき, $d(a,b)$ に最小値があるとき, これを A,B の距離ということにし

$$d(A,B)$$

で表わそう.

この距離については, 次の不等式が成り立つ.

$$d(A,B) \leqq d(A,x) + d(x,B)$$

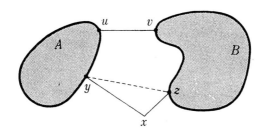

A, B の形は任意であるのに，このような 不等式がつねに成り立つ
とはおもしろい．

証明の仕方は，線分,円 などの 特殊図形にあたって考えるよりも，
一般図形の方が，むしろ考えやすいのもおもしろい．

A, B の最短通路を uv, x から A, B への最短通路をそれぞれ xy, xz
としてみよ．

$d(A, B)$ の定義から

$$d(A,B) = d(u,v) \leqq d(y,z)$$

ところが，三角不等式によって

$$d(y,z) \leqq d(y,x) + d(x,z) = d(A,x) + d(x,B)$$

これと上の不等式から

$$d(A,B) \leqq d(A,x) + d(x,B)$$

● 練 習 問 題 (6) ●

25.　x が実数のとき $f(x) = x + |x|$ とおく．このとき,次のことを証
　　明せよ．

　(1)　$f(x) > 0 \iff x > 0$

(2) $f(x)=0 \iff x \leqq 0$

(3) $f(x)+f(y)>0 \iff x>0$ or $y>0$

(4) $f(x)f(y)>0 \iff x>0$ and $y>0$

26. a, b が実数のとき

$$-(a \triangledown b)=(-a)\triangle(-b)$$
$$-(a \triangle b)=(-a)\triangledown(-b)$$

を証明し，これを用いて，$\triangledown$ の $\triangle$ に対する分配法則から，$\triangle$ の $\triangledown$ に対する分配法則を導け．

27. x, y が実数のとき，次の集合を図示せよ．

$$\{(x,y) \mid \max\{|x-1|,|y-1|\} \leqq 1\}$$

28. 交わらない 2 つの円 O, O′ がある．線分 OO′ が円 O, O′ と交わる点を A, B とし，円 O, O′ の内部または周上の点をそれぞれ P, Q とすれば

$$\overline{PQ} \geqq \overline{AB}$$

であることを証明せよ．

29. 平面上の図形を A，A の外の 2 つの点を x, y とするとき，不等式

$$|d(x,A)-d(y,A)| \leqq d(x,y)$$

を証明せよ．

30. 集合 G の任意の元 x, y の関数 $d(x,y)$ は，次の 3 条件をみたしている．

D₁ $d(x,y) \geqq 0$

       $d(x,y)=0 \iff x=y$

D_2　$d(x,y) = d(y,x)$

D_3　$d(x,y) + d(y,z) \geqq d(x,z)$

このとき,

$$\delta(x,y) = \frac{d(x,y)}{1 + d(x,y)}$$

とおくと, $\delta(x,y)$ も上の 3 条件をみたすことを証明せよ.

31.　x, y, z は 0 または 1 を表わす変数で, 2 変数の関数 $f(x,y)$, $g(x,y)$ は, 次の対応によって定義されている.

$$f(1,1) = 1, \quad f(1,0) = f(0,1) = f(0,0) = 0$$

$$g(1,1) = g(1,0) = g(0,1) = 1, \quad f(0,0) = 0$$

このとき, 次の等式を証明せよ.

(1)　$f(x, g(y,z)) = g(f(x,y), \ f(x,z))$

(2)　$g(x, f(y,z)) = f(g(x,y), \ g(x,z))$

(3)　$f(x, g(x,y)) = x$

(4)　$g(x, f(x,y)) = x$

32.　a, b, c が実数のとき, 次の等式は正しいか.

(1)　$c + \max\{a,b\} = \max\{c+a, c+b\}$

(2)　$\max\{a,b\} = \max\{a,0\} + \max\{b,0\}$

(3)　$|a| = \max\{a,0\} + \max\{-a,0\}$

7. $a+b\sqrt{N}$ のすべて

▨ 最近の入試問題から ▨

────── 例題1 ──────────────

n を自然数とするとき,

(1) $(2+\sqrt{2})^n$ は適当な自然数 a,b を用いれば $a+b\sqrt{2}$ と表わされることを証明せよ.

(2) 上の a,b を用いれば, 次の等式および不等式の成立することを証明せよ.

　（ⅰ） $(2-\sqrt{2})^n=a-b\sqrt{2}$

　（ⅱ） $2a-1<(2+\sqrt{2})^n<2a$ 　　　　　　　（45 慶応大）

───────────────────────────

今年も類似の問題が出た.

────── 例題2 ──────────────

双曲線 $x^2-3y^2=1$ 　　　　　　　　　　　　　　①

について, 次のことを証明せよ.

(1) 点 (a,b) が双曲線 ① の上にあれば, 点 $(2a+3b,\ a+2b)$ は ① の上にある.

(2) n を正の整数とする. このとき $a+\sqrt{3}b=(2+\sqrt{3})^n$ を満たす整数 a,b をとれば, 点 (a,b) は双曲線 ① の上にある.

　　　　　　　　　　　　　　　　　　　　　　（46 九州大）

───────────────────────────

似た入試問題は, このほかにもたくさんあるが, 代表例として選んでみた.

これらの問題は, いずれも $a+b\sqrt{N}$ 型の無理数に関するものである点が似ており, この無理数の性質を応用すれば, 解き方の見透しが

立ち，意外とやさしく解決される．

　この無理数には，重要な2つの性質がある．

（ⅰ）　演算について閉じていること

（ⅱ）　共役数の概念があること

「閉じている」は，集合をさだめて考えられる概念である．1つの集合 G の任意の元を a,b としたとき，$a+b$ もまた G に属するならば，集合 G は加法について **閉じている** というのである．その他の演算についても同様である．

▨ $a+b\sqrt{2}$ についての演算 ▨

　$a+b\sqrt{N}$ の N は，正の整数で，しかも，完全平方数でない限りは，なんであっても同じ性質をもつから，代表例として

　　　　$a+b\sqrt{2}$　　（a,b は有理数）

を取り挙げ，その性質を調べてみる．

　この型のすべての無理数の集合を G とすると，G は実数の集合 R の部分集合である．真部分集合といわないと，減点する先生がおるというから怖い．

　さらに四則演算でみると，G は R と全く同じ性質をもっている．はやりのコトバでいえば，同じ構造を備えている．それをあきらかにするのが，最初の課題である．

　　　　　　　　　　×　　　　　　　　　×

　集合では，同じ要素か，異なる要素かを見分けることが最初にくる．つまり「はじめに相等ありき」というわけである．

　D_1 相等

　2数 $a+b\sqrt{2}, c+d\sqrt{2}$ が等しいのは a と c, b と d がともに等しい

ときに限る.

$$a+b\sqrt{2}=c+d\sqrt{2} \iff a=c, b=d$$

この性質は，$\sqrt{2}$ が有理数でないことから出る.

D₂ 加法

$$(a+b\sqrt{2})+(c+d\sqrt{2})=(a+c)+(b+d)\sqrt{2}$$

(1) G は加法について閉じている.

この加法について，次の2つの法則が成り立つことは，有理数の加法についての性質から導かれる.

$a+b\sqrt{2}$ を1つの文字で表わすときは，ギリシャ文字を用いることに統一しておこう.

(2) 可換律 $\alpha+\beta=\beta+\alpha$

(3) 結合律 $(\alpha+\beta)+\gamma=\alpha+(\beta+\gamma)$

D₃ 零元

さらに，$0+0\sqrt{2}$ は 0 に等しく，加法については次の性質がある. 0 は**零元**とも呼ぶ.

(4) $\alpha+0=0+\alpha=\alpha$

D₄ 反数

$\alpha=a+b\sqrt{2}$ に対して $(-a)+(-b)\sqrt{2}$ が1つ定まる．これを α の**反数**といい $-\alpha$ で表わす.

(5) $\alpha+(-\alpha)=(-\alpha)+\alpha=0$

この等式は，反数の特性を，加法によって示したものとみてもよい.

D₅ 減法

減法は加法によって定義されるもので，加法の**逆算**というのであるが，反数によって定義することが広く行なわれている.

すなわち $\beta+(-\alpha),(-\alpha)+\beta$ を，$\beta-\alpha$ で表わして，β から α を

ひいた**差**といい，演算 $-$ は**減法**ということにするのである.

$$\beta-\alpha=\beta+(-\alpha)=(-\alpha)+\beta$$

以上は，群論の用語によると，集合 G は加法について**群**をなすとまとめられる．一般の群は可換律を要求しないから，**可換群**というのが正しい.

ここで一息つき，乗法へはいる.

D_6 乗法

$$(a+b\sqrt{2})(c+d\sqrt{2})=(ac+2bd)+(ad+bc)\sqrt{2}$$

乗法については，加法と同じスタイルで考えればよい.

(6) G は乗法について閉じている.

(7) 可換律　$\alpha\beta=\beta\alpha$

(8) 結合律　$(\alpha\beta)\gamma=\alpha(\beta\gamma)$

D_7 単位元

乗法において，加法の 0 に似た性質をもつ要素は $1+0\sqrt{2}$ すなわち 1 であって，これを**単位元**という．0 に似た性質というのは

(9)　　　$\alpha\cdot1=1\cdot\alpha=\alpha$

のことである.

D_8 逆数

また，乗法においては，加法における反数に似た要素がある.

$\alpha=a+b\sqrt{2}$ に対して

$$\frac{1}{a+b\sqrt{2}}=\frac{a-b\sqrt{2}}{(a+b\sqrt{2})(a-b\sqrt{2})}$$

$$=\frac{a}{a^2-2b^2}+\frac{-b}{a^2-2b^2}\sqrt{2}$$

を，α の**逆数**といい，$\frac{1}{\alpha}$ または α^{-1} で表わす.

逆数が存在するためには，条件として
$$a^2-2b^2 \neq 0$$
が必要なのであるが，幸いにして，a,b は有理数であるから，a,b が
ともに 0 でない限り a^2-2b^2 は 0 にならない．このことは，a,b が有
理数で，$\sqrt{2}$ は無理数であることから導かれる．

そこで，逆数のことは，次のように整理しておこう．

0 でないすべての要素 α に対して，逆数 α^{-1} が 1 つずつ定まる．

この逆数の特性は乗法によって

(10)　$\alpha \neq 0$ のとき　$\alpha\alpha^{-1}=\alpha^{-1}\alpha=1$

と表わされる．

D_9 除法

除法は乗法の逆算であって，乗法によって定義されるのであるが，
ここでは，逆数を用いて定義しよう．

すなわち $\beta\alpha^{-1}, \alpha^{-1}\beta$ を $\beta \div \alpha$ または $\dfrac{\beta}{\alpha}$ で表わし，β を α で割った
商といい，$\div$ を**除法**という．
$$\beta \div \alpha = \beta\alpha^{-1} = \alpha^{-1}\beta$$

以上の乗法に関する G の性質は，群論の用語によって，「G から 0
を除いた集合は，乗法について群をなす．くわしくは可換群をなす」
とまとめられる．

また，加法と乗法とを結びつける法則が現われないから，このまま
では，加法と乗法を含む式の計算ができない．これに答える法則が，
次の法則である．

(11)　分配律　$\alpha(\beta+\gamma)=\alpha\beta+\alpha\gamma$　　　　　　　　　①

問　上の法則を証明せよ．

乗法に関して可換律が成り立つので，上の分配律からたやすく

$$(\beta+\gamma)\alpha=\beta\alpha+\gamma\alpha \qquad\qquad ②$$

が導かれる.

　以上の (1) から (11) までの性質を備えた集合を**体**というのである.

➡注　くわしくは可換体というべきであるが，これ以上立ち入らなくてよい.
一般の体では，乗法に対して可換律の成立を要求しない．したがって一般の
体では分配律としては，① と ② を挙げなければならない.

　体のうち，とくに，乗法について可換律の成り立つのが**可換体**であるが，
ここでは，これを単に体と呼ぶことにする.

　実数は体をなし，その一部分である有理数も体をなす．また上で求
めた集合

$$G=\{a+b\sqrt{2}\,|\,a,b は有理数\}$$

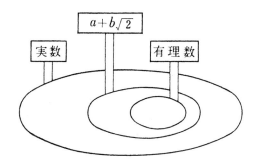

も体をなす．Gは実数の集合に含まれ，有理数の集合を含む.

　Gは有理数の集合に $\sqrt{2}$ を添加することによって新しく作り出した
体とみられるので，有理数の**拡大体**という.

　有理数に，無理数 $\sqrt{3}, \sqrt{5}, \sqrt[3]{3}$ などを添加することによって，い
ろいろの拡大体を作ることができる.

▨ 共役の概念 ▨

　複素数で $a+bi$ と $a-bi$ とは互いに共役であるといった．この概

念は $a+b\sqrt{2}$ においても考えられる.

D_{10} 共役

$a-b\sqrt{2}$ は，$\alpha=a+b\sqrt{2}$ と**共役**であるといい，$\bar{\alpha}$ で表わす.

$a+b\sqrt{2}$ は $a-b\sqrt{2}$ に共役でもあるから，この2数は互いに共役ということが許される.

共役については，次の法則が成り立つことは，複素数の場合と全く同じ計算であきらかにされる.

(12)　$\bar{\bar{\alpha}}=\alpha$

(13)　$\overline{\alpha+\beta}=\bar{\alpha}+\bar{\beta}$

(14)　$\overline{\alpha-\beta}=\bar{\alpha}-\bar{\beta}$

(15)　$\overline{\alpha\beta}=\bar{\alpha}\bar{\beta}$

(16)　$\overline{\alpha\div\beta}=\bar{\alpha}\div\bar{\beta}$

(17)　$\overline{\alpha^n}=\bar{\alpha}^n$

(18)　α が有理数 $\Longleftrightarrow$ $\bar{\alpha}=\alpha$

どの証明も簡単であるが，証明の順序を知ってもらうために，要点にふれてみる. たとえば

(13) の証明

$\alpha=a+b\sqrt{2}$, $\beta=c+d\sqrt{2}$ とおくと

$$\alpha+\beta=(a+c)+(b+d)\sqrt{2} \qquad\qquad ①$$

$$\bar{\alpha}+\bar{\beta}=(a-b\sqrt{2})+(c-d)\sqrt{2}=(a+c)-(b+d)\sqrt{2} \qquad ②$$

② は ① と共役だから

$$\overline{\alpha+\beta}=\bar{\alpha}+\bar{\beta}$$

(14) は (13) にならって直接証明できるが，それでは現代的といいがたい.

減法は加法の逆算であることに目をつけ，(13) から間接に導きたい

ものである.

$$\overline{\alpha-\beta}+\overline{\beta}=\overline{(\alpha-\beta)+\beta}=\overline{\alpha}$$
$$\therefore\quad \overline{\alpha-\beta}=\overline{\alpha}-\overline{\beta}$$

あるいは，減法は反数を用いると加法になることに目をつける．ただし，この場合は，予備知識として

$$\overline{(-\beta)}=-\overline{\beta}$$

を導いておかなければならない.

$$\overline{\alpha-\beta}=\overline{\alpha+(-\beta)}=\overline{\alpha}+\overline{(-\beta)}$$
$$=\overline{\alpha}+(-\overline{\beta})=\overline{\alpha}-\overline{\beta}$$

ゴタゴタした計算を避けて，スカッとやるのが現代流である.

この方法は，そのまま (15),(16) にもあてはまる．(15) を証明したあとで (16) を導く場合は

$$\overline{(\alpha\div\beta)\times\beta}=\overline{(\alpha\div\beta)}\times\overline{\beta}=\overline{\alpha}$$
$$\therefore\quad \overline{\alpha\div\beta}=\overline{\alpha}\div\overline{\beta}$$

(17) は (15) の反復による．たとえば

$$\overline{\alpha^3}=\overline{\alpha\alpha\alpha}=\overline{\alpha}\,\overline{\alpha}\,\overline{\alpha}=\overline{\alpha}^3$$

帰納法によるまでもなく，一般に $\overline{\alpha^n}=\overline{\alpha}^n$.

(18) は $\Rightarrow$ と $\Leftarrow$ に分けて考える.

α が有理数ならば $\alpha=a+0\cdot\sqrt{2}$ とおくまでもなく

$$\overline{\alpha}=a-0\cdot\sqrt{2}=a+0\cdot\sqrt{2}=\alpha$$

逆に，G の任意の数を $\alpha=a+b\sqrt{2}$ とおくと

$$\overline{\alpha}=\alpha \quad\text{から}\quad a-b\sqrt{2}=a+b\sqrt{2}$$
$$b=0$$

となって，α は有理数になる.

—— 例題 3 ——————————————————————————

a, b, c, d が有理数であるとき，方程式

$$ax^3 + bx^2 + cx + d = 0$$

が $p+q\sqrt{2}$（p, q は有理数）を根にもつならば，$p-q\sqrt{2}$ も根である

ことを証明せよ.

———————————————————————————————

$p+q\sqrt{2}=\alpha$ とおく. α はこの方程式をみたすから

$$a\alpha^3 + b\alpha^2 + c\alpha + d = 0$$

両辺の共役数をとれば

$$\overline{a\alpha^3 + b\alpha^2 + c\alpha + d} = \overline{0}$$

(13) によって　$\overline{a\alpha^3} + \overline{b\alpha^2} + \overline{c\alpha} + \overline{d} = \overline{0}$

(15) によって　$\overline{a}\,\overline{\alpha^3} + \overline{b}\,\overline{\alpha^2} + \overline{c}\,\overline{\alpha} + \overline{d} = \overline{0}$

(17) と (18) によって

$$a\overline{\alpha}^3 + b\overline{\alpha}^2 + c\overline{\alpha} + d = 0$$

この等式は，$\overline{\alpha}$ がもとの方程式の根であることを示している. した

がって α が根ならば $\overline{\alpha}$ もまた根である.

▨ ある恒等式の導き方 ▨

複素数では，共役数を用いることによって，恒等式

$$(a^2+b^2)(c^2+d^2) = (ac-bd)^2 + (ad+bc)^2 \qquad \text{①}$$

を，エレガントな方法で導くことができた. それを振り返ってみる.

複素数の共役でも，先の定理 (12)〜(17) はそのまま成り立った. ま

た (18) は，「有理数」を「実数」とかきかえるだけでよい.

そこで，α, β を複素数とし $\alpha=a+bi$，$\beta=c+di$ とおくと

$$\alpha\beta = (ac-bd) + (ad+bc)i$$

ところが

$$(\alpha\bar{\alpha})(\beta\bar{\beta})=(\alpha\beta)(\overline{\alpha}\overline{\beta})=(\alpha\beta)(\overline{\alpha\beta}) \qquad ②$$

であったから，これを a,b,c,d で表わせば公式 ① になる.

これと全く同じことを，集合 G の要素で試みればどうなるだろうか. 2数を $\alpha=a+b\sqrt{2}$, $\beta=c+d\sqrt{2}$ とおいてみると

$$\alpha\beta=(ac+2bd)+(ad+bc)\sqrt{2}$$

さらに

$$\alpha\bar{\alpha}=a^2-2b^2,\ \beta\bar{\beta}=c^2-2d^2$$

$$(\alpha\beta)(\overline{\alpha\beta})=(ac+2bd)^2-2(ad+bc)^2$$

一方，これらの α,β についても，等式 ② は成り立つから，② を a,b,c,d で表わすと

$$(a^2-2b^2)(c^2-2d^2)=(ac+2bd)^2-2(ad+bc)^2$$

① によく似た恒等式が現われた.

数学の内容は，表現をかえることによって，理解の深まることがある.

$\alpha\bar{\alpha}$ は α の関数であるから，関数記号を用い $N(\alpha)$ で表わしてみよう.

$$N(\alpha)=\alpha\bar{\alpha}=a^2-2b^2$$

したがって ② の等式は

$$N(\alpha)N(\beta)=N(\alpha\beta)$$

と表わされ，$N(\alpha)$ は**乗法的**であることが浮び上る.

▨ $x^2-2y^2=1$ の解集合 ▨

方程式

$$x^2-2y^2=1 \qquad ①$$

の整数解 (x,y) を求めるのが目標であるが，それはやさしくない．
そこで，準備として，解集合を考え，その性格をあきらかにしよう．
つまり，解集合の構造をあきらかにするわけである．

　① はかきかえると

$$(x+y\sqrt{2})(x-y\sqrt{2})=1$$

となって，数 $a+b\sqrt{2}$ と関係の深いことが予想されよう．

　$x+y\sqrt{2}=X$ とおけば ① は

$$X\bar{X}=1 \qquad\qquad\qquad\qquad ②$$

となるから，① の解 (x,y) を考えることは，② の解 X を考えること
と同じである．② の解集合を K で表わしておこう．

　はじめに，$X=x+y\sqrt{2}$ の x,y が有理数の場合を考える．

　K にはどんな性質があるだろうか．

　（ⅰ）　$\alpha\in K, \beta\in K \Rightarrow \alpha\beta\in K$

　すなわち，α,β か ② の根ならば，$\alpha\beta$ もまた ② の根である．なぜ
かというに，

$$\alpha\in K \text{ ならば } \alpha\bar{\alpha}=1 \qquad \beta\in K \text{ ならば } \beta\bar{\beta}=1$$

この 2 式から

$$(\alpha\beta)(\overline{\alpha\beta})=(\alpha\beta)(\bar{\alpha}\bar{\beta})=(\alpha\bar{\alpha})(\beta\bar{\beta})=1$$

となるからである．

　（ⅱ）　$\alpha\in K \Rightarrow \bar{\alpha}\in K$

　なぜかというに

$$\alpha\in K \text{ ならば } \alpha\bar{\alpha}=1 \quad \therefore \quad \bar{\alpha}\bar{\bar{\alpha}}=1$$

これは $\bar{\alpha}\in K$ であることを示す．

　（ⅲ）　$\alpha\in K \Rightarrow \alpha^{-1}\in K$

　なぜかというに

$$\alpha \in K \text{ ならば } \quad \alpha\bar{\alpha}=1 \quad \therefore \quad \bar{\alpha}=\frac{1}{\alpha}=\alpha^{-1}$$

ところが（ii）によって $\bar{\alpha}\in K$ だから $\alpha^{-1}\in K$

（i）は解集合 K が乗法について閉じていることを示す．この乗法が，交換律と結合律をみたすことは，すでに知っている．

さらに，K の任意の要素を α, β とすると，（i）と (iii) によって，$\beta\alpha^{-1}$ もまた K に属する．

したがって K は，乗法について可換群をなす．

次に x, y が整数の場合を考えてみよう．このときの②の解集合を K_0 で表わす．

K_0 はあきらかに K の部分集合である．

K_0 は群をなすだろうか．

（i）K_0 の任意の2つの要素を $\alpha=a+b\sqrt{2}$，$\beta=c+d\sqrt{2}$ とすると

$$\alpha\beta=(ac+2bd)+(bc+ad)\sqrt{2}$$

a, b, c, d が整数ならば $ac+2bd$，$bc+ad$ もまた整数で，しかも $\alpha\beta$ は②の解であったから，$\alpha\beta$ は K_0 に属する．すなわち

$$\alpha \in K_0, \beta \in K_0 \Rightarrow \alpha\beta \in K_0$$

（ii）次に K_0 の任意の要素を α とすると

$$\alpha^{-1}=\bar{\alpha}=a-b\sqrt{2}$$

は②の解で，しかも $a, -b$ は整数であるから，α^{-1} もまた K_0 に属する．すなわち

$$\alpha \in K_0 \Rightarrow \alpha^{-1} \in K_0$$

以上によって，K_0 もまた，乗法について可換群をなすことがわかった．つまり，K_0 は K の**部分群**なのである．

問　$\alpha \in K_0$ で, かつ, n が整数ならば, $a^n \in K_0$ となることを証明せよ.

▨ $x^2-2y^2=1$ の整数解の求め方 ▨

$x^2-2y^2=1$ の整数解を求めてみよう.

この整数解の x,y は, 一般には 0 でない. x または y が 0 のものは $(1,0),(-1,0)$ の 2 つだけであるから, これらを**特異解**と呼ぶことにする.

ともに 0 でない解の 1 つを (a,b) とすると $(a,-b),(-a,b),(-a,-b)$ もまた解である. したがって

$$x^2-2y^2=1 \qquad\qquad ①$$

を解くには, x,y がともに正のものを求めれば十分である.

この解は, xy-平面上では第 1 象限の点で示されるから, 第 1 象限の解と呼んでおく.

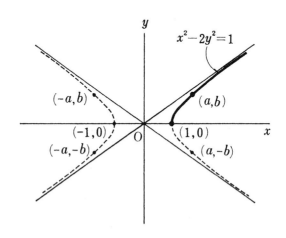

そして, 方程式

$$X\overline{X}=1 \qquad\qquad ②$$

の解のうち x, y がともに正のもの, すなわち $X = x + \sqrt{2}\,y$ の集合を K_1 で表わすことにする.

　K_1 の1つの数を α とすると, $\alpha^2, \alpha^3, \cdots$ は正で, しかも, すでに知ったように ① の根であったから, これらの数はすべて K_1 に属する.

　α を適当に選ぶことによって, K_0 のすべての数を, α の累乗で表わすことはできないだろうか.

　実はそれができるのである.

　K_1 の数を $X = x + y\sqrt{2}$ とすると,

$$x^2 - 2y^2 = 1 \quad \text{から} \quad x = \sqrt{2y^2 + 1}$$

$$\therefore \quad X = \sqrt{2y^2 + 1} + y\sqrt{2}$$

X は y の増加関数であるから, y の大小によって, X の大小がきまる. したがって, X には最小のものがあるから, それを α とすると, K_1 のすべての根は $\alpha, \alpha^2, \alpha^3, \cdots$ と表わされるのである.

　これを証明するには, K_1 の数の中に α の累乗で表わされない根があったとすると, 矛盾することを示せばよい.

　さて, $1 < \alpha$ だから

$$1 < \alpha < \alpha^2 < \alpha^3 < \cdots$$

したがって, β が α の累乗で表わされないとすると,

$$\alpha^n < \beta < \alpha^{n+1} \tag{③}$$

となる n があるはず.

　$\alpha\bar{\alpha} = 1$ であって, しかも α は正だから $\bar{\alpha}$ も正, したがって $\bar{\alpha}^n$ も正だから, これを ③ の各辺にかけると

$$(\alpha\bar{\alpha})^n < \beta\bar{\alpha}^n < (\alpha\bar{\alpha})^n\alpha \quad \therefore \quad 1 < \beta\bar{\alpha}^n < \alpha$$

　α は ② の解だから $\bar{\alpha}$ も ② の解, したがって $\bar{\alpha}^n$ も ② の解, 一方 β

も②の解だから $\beta\bar{\alpha}^n$ は②の解，しかも正だから K_1 に属する.

これは，α が K_1 の最小解であることに矛盾する.

　以上によって証明された.

　結局①を解くには，②をみたす第1象限の解のうち 最小のものを求めればよいことがわかった.

　①で $y=1,2,\cdots$ とおいて，x が整数になるものを探すことによって，最小の解は $x=3$，$y=2$ であることがわかる.

　そこで $\alpha=3+2\sqrt{2}$ とおくと，②のすべての解は

$$\alpha^n=(3+2\sqrt{2})^n \quad (n \text{ は自然数})$$

と表わされる.

　①の解を求めるには $x+\sqrt{2}\,y=(3+2\sqrt{2})^n$ とおき，x,y を求めればよい.

　たとえば $n=2$ とおいて

$$(3+2\sqrt{2})^2=17+12\sqrt{2} \qquad \therefore\ x=17,\ y=12$$

これは解の1つである.

　$n=3$ とおくと

$$(3+2\sqrt{2})^3=(17+12\sqrt{2})(3+2\sqrt{2})=99+70\sqrt{2}$$

$$x=99,\ y=70$$

これも解である.

　以下同様のことをくり返せば，次々と大きな解が求められる.

　この求め方を，簡単化するには

$$(3+2\sqrt{2})^n=x_n+y_n\sqrt{2}$$

とおいて，(x_n,y_n) から (x_{n+1},y_{n+1}) を求める漸化式を導くのがよい.

$$x_{n+1}+y_{n+1}\sqrt{2}=(x_n+y_n\sqrt{2})(3+2\sqrt{2})$$

$$= (3x_n + 4y_n) + (2x_n + 3y_n)\sqrt{2}$$

よって

$$\begin{cases} x_{n+1} = 3x_n + 4y_n \\ y_{n+1} = 2x_n + 3y_n \end{cases}$$

x, y は α と $\bar{\alpha}$ を用いて表わすこともできる.

$$x_n + y_n\sqrt{2} = \alpha^n$$

この両辺の共役数を求めると

$$x_n - y_n\sqrt{2} = \bar{\alpha}^n$$

これらの2式を x_n, y_n について解いて

$$\begin{cases} x_n = \dfrac{1}{2}(\alpha^n + \bar{\alpha}^n) \\ y_n = \dfrac{1}{2\sqrt{2}}(\alpha^n - \bar{\alpha}^n) \end{cases} \quad (n = 1, 2, 3, \cdots)$$

以上を一般化すれば, 方程式

$$x^2 - Ny^2 = 1 \quad (N \text{は正の整数で, 平方数でない})$$

の解の求め方になる.

▨ 公理による構成 ▨

有理数についての計算はわかっているが, $\sqrt{2}$ の正体は分らないとき, $a + b\sqrt{2}$ を生み出すことを考えてみる.

$\sqrt{2}$ についての四則が分っていないとすると, b と $\sqrt{2}$ の乗法, さらに a と $b\sqrt{2}$ の加法は不可能だから, 新しい数を $a + b\sqrt{2}$ で表わすことができない. では, この数を演算記号抜きで表わすにはどうすればよいか. 新しい数は, とにかく, 2つの有理数 a, b によって定まるのだから, **順序対**

$$(a,b)$$

で表わすことにし，この順序対の集合を G とする.

　そして，この新しい数の相等,加法,乗法などを，$a+b\sqrt{2}$ で知った結果を参考にして定める. しかし，このことは，あくまで，楽屋裏のカラクリと考え，表面には出さないでおく. ズルイやり方だが，数学でよく用いる手である.

　D_1 **相等**

$$(a,b)=(c,d) \iff a=c, b=d$$

　D_2 **加法**

$$(a,b)+(c,d)=(a+c,b+d)$$

　加法として，この定義をとると，有理数の加法から，次の定理が導かれる. ただし，$\alpha, \beta, \cdots$ は $(a,b),(c,d)$ を表わす.

　(1)　G は加法について閉じている

　(2)　可換律　$\alpha+\beta=\beta+\alpha$

　(3)　結合律　$(\alpha+\beta)+\gamma=\alpha+(\beta+\gamma)$

　(4)　$(a,b)+(x,y)=(a,b)$ をみたす (x,y) が (a,b) に関係なく1つだけ定まる.

　この (x,y) を求めてみる. 上の等式から

$$(a+x, b+y)=(a,b) \quad \therefore \quad a+x=a, b+y=b$$
$$\therefore \quad x=0, y=0$$

逆に $(0,0)$ は，はじめの等式をみたす.

　D_3 $(0,0)$ を**零元**という.

　(5)　任意の (a,b) に対して，$(a,b)+(x,y)=(0,0)$ をみたす (x,y) が，1つずつ定まる.

その (x,y) とは何物か．はじめの等式を仮定すると

$$(a+x,\ b+y)=(0,0) \qquad \therefore \quad a+x=0,\ b+y=0$$

$$\therefore \ x=-a,\ y=-b$$

逆に $(-a,-b)$ ははじめの等式をみたす．

D₄ $(-a,-b)$ を (a,b) の**反数**といい，$-(a,b)$ で表わす．

D₅ $(c,d)+\{-(a,b)\}$ を $(c,d)-(a,b)$ で表わし，(c,d) から (a,b) をひいた**差**といい，演算 ― を**減法**という．

以上から，新しい数の集合 G は，加法について可換群をなすことがわかった．

D₆ 乗法

$$(a,b)(c,d)=(ac+2bd,\ bc+ad)$$

この乗法の定義と有理数の 加法,乗法 の性質から，次の定理が導き出される．

(6)　G は乗法について閉じている．

(7)　可換律　$\alpha\beta=\beta\alpha$

(8)　結合律　$(\alpha\beta)\gamma=\alpha(\beta\gamma)$

(9)　$(a,b)(x,y)=(a,b)$ をみたす (x,y) が，(a,b) に関係なく，ただ1つ定まる．

その (x,y) は何物か．はじめの等式を仮定すると

$$(ax+2by,\ bx+ay)=(a,b)$$

$$\begin{cases} ax+2by=a & \qquad ① \\ bx+ay=b & \qquad ② \end{cases}$$

①$\times a-$②$\times 2b$, ②$\times a-$①$\times b$ から

$$(a^2-2b^2)x=a^2-2b^2 \qquad (a^2-2b^2)y=0$$

これらが，任意の a, b について成り立つことから

$$x=1,\ y=0$$

逆に $(1,0)$ は，はじめの等式をみたす．

　D_7 $(1,0)$ を**単位元**という．

　(10)　$(0,0)$ と異なる任意の (a,b) に対して $(a,b)(x,y)=(1,0)$ をみたす (x,y) が，それぞれ1つ定まる．

　その (x,y) は何ものか．上の等式を仮定すると

$$(ax+2by,\ bx+ay)=(1,0)$$

$$\begin{cases} ax+2by=1 \\ bx+ay=0 \end{cases}$$

仮定によって $(a,b)\neq(0,0)$ で，しかも a,b は有理数であるから $a^2-2b^2\neq0$，よって上の方程式は1組の解

$$x=\frac{a}{a^2-2b^2},\quad y=\frac{-b}{a^2-2b^2}$$

をもつ．

　逆に，この x,y の値はもとの等式をみたす．

　D_8 $\left(\dfrac{a}{a^2-2b^2},\ \dfrac{-b}{a^2-2b^2}\right)$ を (a,b) の**逆数**といい，$(a,b)^{-1}$ または $\dfrac{1}{(a,b)}$ で表わす．

　以上によって，G から $(0,0)$ を除いた集合は，乗法について可換群をなすことを知った．

　D_9 $(a,b)\neq(0,0)$ のとき，$(c,d)(a,b)^{-1}$ を $(c,d)\div(a,b)$ で表わし，(c,d) を (a,b) で割った**商**といい，演算 $\div$ を**除法**という．

　さらに，分配律

(11) $\alpha(\beta+\gamma)=\alpha\beta+\alpha\gamma$

が成り立つことも容易に確かめられるから，G は体をなすことがわかる．

▨ 有理数と同じ部分体 ▨

集合 G の要素のうちで，第 2 の数が 0 のもの，すなわち $(a,0)$ の形のものに目をつけ，その集合を G_0 とおいてみる．

G_0 において，要素の四則計算をみると

$$(a,0)+(b,0)=(a+b,0)$$

$$(a,0)-(b,0)=(a-b,0)$$

$$(a,0)\times(b,0)=(a\times b,0)$$

$$(a,0)\div(b,0)=(a\div b,0)$$

となって，有理数についての四則に似ている．すなわち $(a,0)$，$(b,0)$ をそれぞれ a,b で表わしてみると，有理数 a,b についての計算と同じになる．

このとき，数学では，集合 G_0 は有理数の集合と**同型**であるというのである．

$(a,0)$ を a と**区別しない**ことにし $(a,0)=a$ とおけば，任意の (a,b) は

$$(a,b)=(a,0)+(0,b)=(a,0)(1,0)+(b,0)(0,1)$$

$$=a\cdot 1+b\cdot(0,1)=a+b(0,1)$$

さて，ここで表われた $(0,1)$ は何ものだろうか．その正体をさぐってみよう．

楽屋裏をのぞき，$(0,1)$ を平方してみると

$$(0,1)^2=(0,1)(0,1)=(2,0)=2$$

$(0,1)$ は 2 の平方根であるから $\sqrt{2}$ または $-\sqrt{2}$ に等しい. どちらを選んでも G の内容は変わらないから $(0,1)=\sqrt{2}$ と定めると

$$(a,b)=a+b\sqrt{2}$$

となって, 目標の数が公理的に構成された.

◉ 練 習 問 題 (7) ◉

33. 例題 1,2 (p. 152) を解け.

34. 方程式 $x^2-5y^2=1$ の正の整数解について, 次の問に答えよ.

(1) 最小解 (x_1,y_1) を求めよ.

(2) それをもとにして, それに続く解 $(x_2,y_2),(x_3,y_3)$ を求めよ.

35. 数列

$$(x_1,y_1),(x_2,y_2),\cdots,(x_n,y_n),\cdots$$

は, 次の条件をみたしている.

$$\begin{cases} x_{n+1}=3x_n+4y_n \\ y_{n+1}=2x_n+3y_n \end{cases} \qquad \begin{cases} x_1=3 \\ y_1=2 \end{cases}$$

このとき, 任意の正の整数 n に対し

$$x_n{}^2-2y_n{}^2=1$$

が成り立つことを証明せよ.

36. 前問の数列から, 別の数列

$$x_1+ky_1,\ x_2+ky_2,\ \cdots,\ x_n+ky_n,\ \cdots$$

を作り, これが, 等比数列を作るように, 実数 k を定めることができるか.

もしそれができるならば, k と公比 r を求めよ. それをもとにし

て, x_n, y_n を k と r で表わせ.

37. a, b が任意の整数のとき, $a + b\sqrt{-2}$ の集合を K とおく.

(1) K の任意の要素を α, β とすれば, $\alpha\beta$ もまた K の要素である
ことを示せ.

(2) K の任意の要素 α が

$$\alpha = \beta\gamma \quad (\beta, \gamma \text{ は } K \text{ の要素})$$

と表わされるとき, β, γ を「K における α の約数」ということ
にする.

　　K の要素 $a + b\sqrt{-2}$ が, K における約数 $c + d\sqrt{-2}$ をもてば,
$a - b\sqrt{-2}$ は K における約数 $c - d\sqrt{-2}$ をもつことを証明せよ.

(3) K の要素 α が, $\pm 1, \pm\alpha$ の他に K における約数をもたない
とき, α を K における素数ということにする.

　　$\alpha = 1 + \sqrt{-2}$ は素数であることを証明せよ.

(4) $\alpha = 5 - 2\sqrt{2}\,i$ は素数か.

8.ガウス関数の再認識

▨ 再認識の弁 ▨

　いまさら説明するのもどうかと思うが，念のため.

　x を実数とするとき，x を越えない最大の整数を $[x]$ で表わし，$[\ \ ]$ を **ガウス記号** という．実数全体の集合を R，整数全体の集合を Z で表わすと，$[\ \ ]$ は R から Z への関数で，これを **ガウス関数** という.

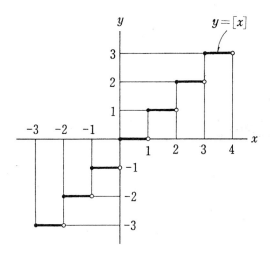

　これは **整数論的関数** としては基礎的で，捨てがたい．最近はコンピュータにおける計算と関係が深いので，応用面から再認識されつつある.

　コンピュータの計算には，**実数型** と **整数型** とがある．実数型は四則演算の結果を，小数によって近似的に表わす．ところが整数型の四則演算は，整数に関する計算で，加法，減法，乗法の結果は当然整数である．問題は除法で，整除の商のみを求め，余りは捨てる.

　数学では，Z は R の真部分集合であるから

$$Z \subset R, \quad Z \cap R \neq \phi$$

ところが，コンピュータでは，ＺとＲは全く別のもので，常識的に
いえば，無縁の世界をかたち作っている．したがって

$$Z \cap R = \phi$$

とみなければならない．Ｒにおける整数3は，3.000のように，小数
点以下に有効数字0が並んだ近似値とみなされるから，Ｚにおける整
数3と異質である．

▨ ガウス関数と切り捨て ▨

測定値や近似値のまるめ方には，切り捨て,切り上げ,四捨五入の3
通りある．このうち，切り捨ては，正の数の1未満の切り捨ての場合
を考えると，ガウス記号のはたらきと同じである．

たとえば

$$[7.48] = 7 \qquad [\sqrt{5}] = [2.23\cdots] = 2$$

しかし，この2つの操作は，負の数でみると一致しない．-7.48
の小数未満の切り捨てというのは，絶対値7.48の小数未満を切り捨
てた値7に，もとの数の符号をつけた -7 である．一方，ガウス関数
でみると

$$[-7.48] = -8$$

であって，切り捨てとは一致しない．

小数以下を切り捨てる操作も Ｒ から Ｚ への関数とみられる．この
関数を $\mathrm{trunc}(x)$ で表わすことがある．

$x \geqq 0$ のときは　$\mathrm{trunc}(x) = [x]$

であるが

$x < 0$ のときは　$\mathrm{trunc}(x) = [x] + 1$

である.

そこで, この関数のグラフをかくと次の図になる.

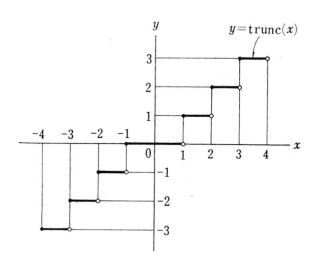

　学生のとかくおち入る誤りは, 上の2つの関数の混同である. 正の数の場合の, 負の数の場合への不用意な拡張, または, ガウス関数に対する不完全な理解による. この誤りを避けるのに, 数直線の利用は有効である.

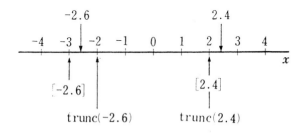

　小数以下を切り捨てる関数は, 次の3つの関数によって表わされる.

絶対値を求める　　　　$A(x) = |x|$

ガウス関数　　　　　　$G(x) = [x]$

符号を求める $\qquad S(x) = \text{sign}(x)$

最後の関数は，知らない読者がいるかも知れない．x が正のときは +1，x が負のときは -1，x が 0 のときは 0 を対応させるもので，R から Z への関数の 1 つである．すなわち

$$\text{sign}(x) = \begin{cases} +1 & (x > 0) \\ 0 & (x = 0) \\ -1 & (x < 0) \end{cases}$$

小数以下を切り捨てる関数は，以上の関数で表わすと

$$\text{trunc}(x) = \text{sign}(x) \times [|x|]$$

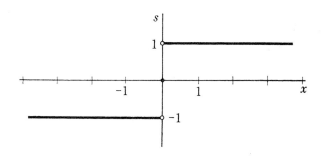

➡**注** $\text{sign}(x)$ を $\text{sgn}(x)$ ともかく．これには $x > 0$ のとき +1，$x < 0$ のとき -1 で，$x = 0$ のときは定義しないものもある．

$$\text{sgn}(x) = \begin{cases} +1 & (x > 0) \\ -1 & (x < 0) \end{cases}$$

このほかに，置換 p が偶置換ならば +1，奇置換ならば -1 を表わす関数 $\text{sgn}(p)$ がある．

$$\text{sgn}(p) = \begin{cases} +1 & (p : 偶置換) \\ -1 & (p : 奇置換) \end{cases}$$

この関数を**置換の符号**（signum）という．

▨ 整除とガウス関数 ▨

高校までの数学では，整除といえば，割る数は正の整数であって，

整数 a を整数 b で割ることは

$$a=bq+r \quad (0\leqq r<b)$$

をみたす整数 q, r を求めることであった.

たとえば $(a,b)=(17,3)$ のとき

$$17=3\times 5+2 \quad \therefore \quad (q,r)=(5,2)$$

$(a,b)=(-17,3)$ のとき

$$-17=3\times(-6)+1 \quad \therefore \quad (q,r)=(-6,1)$$

この整除は, 割る数 b を負の場合に拡張するときは

$$a=bq+r \quad 0\leqq r<|b|$$

をみたす整数 q, r を求めることとあらためればよい.

たとえば $(a,b)=(17,-3)$ のとき

$$17=(-3)\times(-5)+2 \quad \therefore \quad (q,r)=(-5,2)$$

$(a,b)=(-17,-3)$ のとき

$$-17=(-3)\times 6+1 \quad \therefore \quad (q,r)=(6,1)$$

以上の例を表にまとめて, ガウス関数の値とくらべてみる.

a	17	-17	17	-17
b	3	3	-3	-3
整商	5	-6	-5	6
$\left[\dfrac{a}{b}\right]$	5	-6	-6	5

この表から分るように, 整商とガウス関数の値とが等しくなるのは, b が正の場合である.

G_1. a は整数で, b が正の整数のとき

$$\left[\frac{a}{b}\right]=(a\div b \text{ の商})$$

これから直ちに，次のことがわかる．

1 から a までの自然数の中にある自然数 b の倍数は $\left[\dfrac{a}{b}\right]$ 個である．

▨ ガウス関数の性質 ▨

実数 x を越えない整数の最大値を $[x]$ で表わしたのだから，これを不等式で表わすと

G_2. $[x] \leqq x < [x]+1$

$n \leqq x < n+1$ をみたす整数 n は $[x]$ に等しく，この逆もいえるから

G_3. $n=[x] \iff n \leqq x < n+1, \quad n \in Z$

上の不等式はガウス関数の定義を同値な命題にかきかえたものであって，ガウス関数の性質を導くもとになる．

G_4. $x_1 < x_2$ **ならば** $[x_1] \leqq [x_2]$

自明に近いほどのものだが，証明の練習のつもりで，G_2 によって証明してみる．

$$[x_1] \leqq x_1 < x_2 < [x_2]+1$$

$$[x_1] < [x_2]+1 \qquad\qquad ①$$

両辺が整数だから

$$[x_1] \leqq [x_2] \qquad\qquad ②$$

① から ② へうつるところが奇異に思われるかも知れない．整数に関する不等式だから，① から ② へうつれるのである．

一般に m, n が整数で $m<n$ でっあたとすると，$m+1 \leqq n$ だから $m \leqq n-1$，この逆も成り立つ．

m, n が整数のとき

$$m<n \iff m \leqq n-1$$

性質 G_4 は，ガウス関数が広義の増加関数であることを示す．

なお G_4 の逆は成り立たないことに注意されたい．その反例にはこと欠かない．たとえば

$$[2.5] \leqq [2.4] \quad であるが \quad 2.5 < 2.4$$

とはならない．

等号を除いた

$$[x_1] < [x_2] \quad ならば \quad x_1 < x_2$$

は成り立つ．

$G_5.$ a が整数のとき

Gauss
（ドイツ 1777〜1855）

$$[x+a] = [x] + a$$

証明には G_2 を用いる．

$$[x] \leqq x < [x] + 1$$

$$\therefore \quad [x] + a \leqq x + a < [x] + a + 1$$

両端は整数であるから G_3 によって $[x] + a$ は $[x+a]$ に等しい．

$G_6.$ $[x_1] + [x_2] \leqq [x_1 + x_2] \leqq [x_1] + [x_2] + 1$

この証明も G_2 を用いる．

$$[x_1] \leqq x_1 < [x_1] + 1$$

$$[x_2] \leqq x_2 < [x_2] + 1$$

$$\therefore \quad [x_1] + [x_2] \leqq x_1 + x_2 < [x_1] + [x_2] + 2$$

したがって $[x_1 + x_2]$ は $[x_1] + [x_2]$ または $[x_1] + [x_2] + 1$ に等しい．

この性質を n 個の実数の場合へ一般化すれば，次の不等式になる．

$$[x_1] + [x_2] + \cdots + [x_n] \leqq [x_1 + x_2 + \cdots + x_n]$$

$$\leqq [x_1] + [x_2] + \cdots + [x_n] + n - 1$$

また $x_1, x_2, \cdots, x_n$ を等しいとおくと

$$n[x] \leqq [nx] \leqq n[x] + n - 1$$

そこで $[nx] = n[x] + k$ をみたす正の整数 k の存在が問題になる.
(例題2を参照)

G_7. a が整数で, b は正の整数のとき

$$\left[\frac{a}{b}\right] \leqq \frac{a}{b} \leqq \left[\frac{a}{b}\right] + 1 - \frac{1}{b}$$

性質 (G_2) によって

$$\left[\frac{a}{b}\right] \leqq \frac{a}{b} < \left[\frac{a}{b}\right] + 1 \quad \therefore \quad a < \left[\frac{a}{b}\right]b + b$$

両辺は整数であるから

$$a \leqq \left[\frac{a}{b}\right]b + b - 1 \quad \therefore \quad \frac{a}{b} \leqq \left[\frac{a}{b}\right] + 1 - \frac{1}{b}$$

▨ ある入試問題 ▨

最近の入試問題から, 整数に関する珍しい問題を取り挙げてみる.

---------- 例題1 ----------

次の ▢ の中を正しくうめよ.

自然数 b が自然数 a の n 乗 (n は自然数) で割り切れるが, a の
$n+1$ 乗では割り切れないとき $f_a(b) = n$ とかく. たとえば $24 = 2^3 \cdot 3$
であるから $f_2(24) = 3$, $f_3(24) = 1$, $f_6(24) = 1$ である. このとき

$$f_2(60) = \boxed{}, \quad f_3(999) = \boxed{}, \quad f_4(120) = \boxed{}$$

$$f_{10}(100!) = \boxed{}, \quad f_{10}(1000!) = \boxed{}$$

となる.
　　　　　　　　　　　　　　　　　　　　　　　　（慶応大　経済学部）

このような問題が入試に現われたのは, はじめてであるが, 整数論
の本には, 古くからあった.

はじめの3つは, 関数記号の意味がわかっておれば, なんでもない.

$$60 = 2^2 \cdot 3 \cdot 5 \quad \therefore \quad f_2(60) = 2$$

$$999 = 3^3 \cdot 37 \quad \therefore \quad f_3(999) = 3$$

$$120 = 2^3 \cdot 3 \cdot 5 \quad \therefore \quad f_4(120) = 1$$

考えさせられるのは, 残りの2つである.

$10 = 2 \times 5$ だから, $f_2(100!)$ と $f_5(100!)$ がわかれば $f_{10}(100!)$ はわかる. なぜかというに, はじめの2つの最小値が, あとの答になるからである.

```
 2——2
 4——2×2
 6——2
 8——2×2×2
10——2
12——2×2
14——2
16——2×2×2×2
.....................
.....................
100——2×2
     ↑ ↑ ↑ ↑
     ① ② ③ ④……
```

$1, 2, 3, \cdots, 100$ のうち, 2を因数にもつものをあげてみると

① における2の個数を知るには2の倍数の個数を知ればよい. その個数は

$$\left[\frac{100}{2}\right] = 50$$

② における2の個数を知るには $2^2 = 4$ の倍数の個数を知ればよい. その個数は

$$\left[\frac{100}{4}\right] = 25$$

同様にして ③, ④, … における2の個数は

$$\left[\frac{100}{8}\right] = 12, \quad \left[\frac{100}{16}\right] = 6, \quad \left[\frac{100}{32}\right] = 3$$

$$\left[\frac{100}{64}\right] = 1, \quad \left[\frac{100}{128}\right] = 0, \quad \cdots\cdots\cdots$$

これらの和が $f_2(100!)$ に等しいから

$$f_2(100\,!)=50+25+12+6+3+1=97$$

50,25,12,6,3,1 は右のように，100 を 2 で割って商 50
を求め，50 を 2 で割って商 25 を求め，さらに 25 を 2 で
割って商 12 を求めるというように，同様の計算を反復す
ればよい．

```
2) 100
2)  50
2)  25
2)  12
2)   6
2)   3
     1
```

以上と同様にして

$$f_5(100\,!)=\left[\frac{100}{5}\right]+\left[\frac{100}{25}\right]$$
$$=20+4=24$$

```
5) 100
5)  20
     4
```

よって $100\,!=2^{97}\cdot5^{24}\times\boxed{}$

$\uparrow$
2,5 を因数にもたない

```
2) 1000      5) 1000
2)  500      5)  200
2)  250      5)   40
2)  125      5)    8
2)   62           1
2)   31
2)   15
2)    7
2)    3
      1
```

$$=10^{24}\times\boxed{}$$

$\uparrow$
10 を因数にもたない

$$\therefore\quad f_{10}(100\,!)=\min(97,24)=24$$

最後の問題でも，上と同様計算を試みる．

$$f_2(1000\,!)=500+250+\cdots+1=994$$
$$f_5(1000\,!)=200+40+8+1=249$$
$$\therefore\quad f_{10}(1000\,!)=\min(994,249)=249$$

▨ 一般化すれば ▨

具体例で知ったことは，一般化すると知識は構造化されて，認識を
深め，頭に定着するものである．

$f_2(100\,!), f_5(100\,!)$ などの求め方を一般化すれば，次の定理になる．

G_8. n が自然数で，p が素数のとき

$$f_p(n\,!)=\left[\frac{n}{p}\right]+\left[\frac{n}{p^2}\right]+\left[\frac{n}{p^3}\right]+\cdots$$

$$=f_p(n)+f_{p^2}(n)+f_{p^3}(n)+\cdots$$

この定理は p が素数でないと成り立たない.

たとえば, $f_{10}(100\,!)$ をこの方式で求めたとすると

$$f_{10}(100\,!)=\left[\frac{100}{10}\right]+\left[\frac{100}{10^2}\right]+\cdots$$

$$=10+1+0+\cdots=11$$

となって, 先に求めた結果と一致しない.

×   ×

10は互いに素なる2つの素因数2,5に分けられる. これを用いると,
$f_{10}(100\,!)$ は

$$f_{10}(100\,!)=\min\{f_2(100\,!),f_5(100\,!)\}$$

によって求められた.

これを一般化すれば, 次の定理になる.

G_9. a,p,q が自然数で, p,q が互いに素なるとき

$$f_{pq}(a)=\min\{f_p(a),f_q(a)\}$$

証明は $p=2$, $q=5$ の場合の証明を一般化したのでよい.

$f_p(a)=m$, $f_q(a)=n$, $(m\geqq n)$ とおいてみると

$$a=p^m c \quad (c \text{ は整数})$$

a すなわち $p^m c$ は q^n で割り切れ, p^m と q^n は互いに素だから, c
は q^n で割り切れるから

$$a=p^m q^n d$$

a は p^{m+1},q^{n+1} では割り切れないのだから, d はもはや p,q を因数に
もたない. 上の式をかきかえて

$$a=(pq)^n \cdot p^{m-n} d$$

a は $(pq)^n$ では割り切れるが，$(pq)^{n+1}$ では割り切れないから

$$f_{pq}(a)=n=\min\{m,n\}$$

×   ×

次に $f_2(24)=3$，$f_2(80)=4$ から

$$f_2(24\times80)$$

を求めることを考えてみよう．

$$24=2^3\cdot3 \qquad 80=2^4\cdot5$$

この２式から

$$24\times80=2^{3+4}\cdot3\cdot5$$

したがって

$$f_2(24\times80)=3+4=f_2(24)+f_2(80)$$

これを一般化すれば，次の定理になる．

G_{10}. a,b が自然数で，p が素数のとき

$$f_p(ab)=f_p(a)+f_p(b)$$

この公式は，対数関数の性質

$$\log_p ab=\log_p a+\log_p b$$

に似ている．

上の公式を拡張すると

$$f_p(abc\cdots)=f_p(a)+f_p(b)+f_p(c)+\cdots$$

$a=b=c=\cdots$ となった特殊な場合を考えると

$$f_p(a^n)=nf_p(a) \quad (n\ は自然数)$$

▨ もう１つの入試問題 ▨

ガウス関数に関係の深い最近の入試問題をもう１つあげてみる．

───── 例題 2 ─────

任意の実数 x に対して，不等式 $a \leqq x < a+1$ を満たす整数 a を記号 $[x]$ で表わす．実数 x および正の整数 n が与えられたとき

(1) 不等式

$$[x] + \frac{k}{n} \leqq x < [x] + \frac{k+1}{n}$$

をみたす整数 k が存在することを示せ．

(2) 等式

$$[x] + \left[x + \frac{1}{n}\right] + \left[x + \frac{2}{n}\right] + \cdots + \left[x + \frac{n-1}{n}\right] = [nx]$$

が成り立つことを証明せよ．　　　　　　　　　（名古屋市立大）

───────────────────────────────

　この問題も入試でははじめてであろう．整数論の演習問題としては古くからあった．(1)は(2)を証明するための予備知識と予想できよう．

　(1)の証明

　証明する不等式の内容を読みとる．

$$[x] + \frac{k}{n} \leqq x < [x] + \frac{k+1}{n} \qquad ①$$

ガウス関数の意味から

$$[x] \leqq x < [x] + 1 \qquad ②$$

x は幅が1の区間内にある．この区間を n 等分すると，それらの小区間のどこかに x は含まれることを①は表わしている．

　小区間は左端を含み，右端は含まないように作ると，これらの小区間は，②の表わす区間のクラス分けになる．したがって，x はこれらのクラスのどれか1つに属する．x が小さい方から数えて $k+1$ 番に

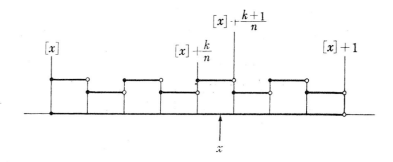

属したとすると ① の不等式が成り立つ.

⇒注 ① の各項から $[x]$ をひくと $\dfrac{k}{n} \leqq x-[x] < \dfrac{k+1}{n}$

ここで関数 $f(x)=x-[x]$ を考えると，この値域は $[0,1)$ になるから，この値域を n 等分して考えてもよい.

また上の不等式を n 倍して $k \leqq n(x-[x]) < k+1$
とし，関数 $g(x)=n(x-[x])$ を用いることもできる．この関数の値域 $[0,n)$ を n 等分し，$g(x)$ の属する小区間をさがしてみよ.

<u>(2) の証明</u>

$\left[x+\dfrac{1}{n}\right],\ \left[x+\dfrac{2}{n}\right],\ \cdots,\ \left[x+\dfrac{n-1}{n}\right]$ の値を求めればよい．n 個の実数

$$x,\ x+\frac{1}{n},\ x+\frac{2}{n},\ \cdots,\ x+\frac{n-1}{n} \qquad\qquad ③$$

は，区間 $[x, x+1)$ の間にある．ところが

$$x<[x]+1\leqq x+1$$

であるから，③ のうち，はじめの何個が $[x]+1$ より小さく，残りが $[x]+1$ 以上であるかを知ればよい.

次の図からわかるように，③ の実数のうち，$[x]+1$ より小さいものは $(n-k)$ 個である．よって $(n-k)$ 個の

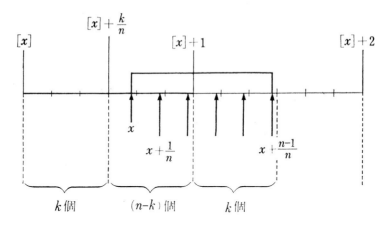

$[x], \left[x+\dfrac{1}{n}\right], \left[x+\dfrac{2}{n}\right], \cdots, \left[x+\dfrac{n-k-1}{n}\right]$ はすべて $[x]$ に等しい.

③の実数のうち残りの k 個は $[x]+1$ 以上である. よって k 個の

$$\left[x+\frac{n-k}{n}\right], \left[x+\frac{n-k+1}{n}\right], \cdots, \left[x+\frac{n-1}{n}\right]$$

は $[x]+1$ に等しい. そこで

$$[x]+\left[x+\frac{1}{n}\right]+\left[x+\frac{2}{n}\right]+\cdots+\left[x+\frac{n-1}{n}\right]$$

$$=[x]\times(n-k)+([x]+1)\times k=n[x]+k$$

ところが① によると

$$n[x]+k\leqq nx<n[x]+k+1$$

であるから G_3 によって

$$[nx]=n[x]+k$$

以上によって，(2) の等式の成り立つことがわかった.

➡**注** (2) を直接証明するのであったら，次のような証明も考えられる.

$[nx]$ を n で割ったときの商を q，余りを k とすると

$[nx]=nq+k$ だから，G_3 によって

$$nq+k \leqq nx < nq+k+1 \qquad \therefore \quad q+\frac{k}{n} \leqq x < q+\frac{k+1}{n}$$

$$\therefore \quad q+\frac{k+i}{n} \leqq x+\frac{i}{n} < q+\frac{k+i+1}{n}$$

$\left[x+\dfrac{i}{n}\right]=q$ となるのは $\dfrac{k+i}{n}<1$ のとき, すなわち $0\leqq i<n-k$ のとき

である. これをみたす i の値は $(n-k)$ 個である. 残りの k 個は $\left[x+\dfrac{i}{n}\right]=$

$q+1$ となる. そこで

$$\sum_{i=0}^{n-1}\left[x+\frac{i}{n}\right]=(n-k)q+k(q+1)=nq+k=[nx]$$

▨ まるめ方とガウス関数 ▨

　四則計算のほかに, 実数の 1 未満を切り捨てる能力のあるコンピュータがあるとしよう. このコンピュータによって, 正の実数をまるめることをくふうしてみよう.

　数をまるめるというのは, 必要な位未満を切り捨て, 切り上げ, または四捨五入することである.

　すでにあきらかにしたように, 正の数 x の 1 未満を切り捨てた値は $[x]$ に等しい. これを用いて, 1 未満の切り上げと四捨五入を行なうことができるだろうか.

　四捨五入のグラフをかいてみると, $[x]$ のグラフの一部分を左へ 0.5 だけ平行移動したものになる. したがって, この関数は $[x]$ の x を $x+0.5$ で置きかえたものに等しい.

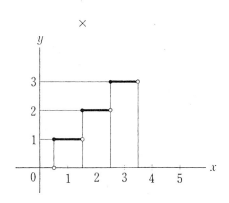

x の１未満の四捨五入　　[$x+0.5$]

　　　　　×　　　　　　　　　　×

切り捨てもグラフをかいて参
考にしよう.

　このグラフは，切り捨てのグ
ラフを上方へ１だけ平行移動し
たものに見えるが，くわしくみ
ると，両端のようすがちがう.
切り捨てでは，線分の左端を含
み右端を含まなかったが，切り

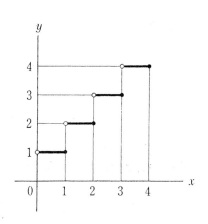

上げでは，右端を含み左端は含まない. したがって，この関数を[$x+1$]
で表わすと x が整数のとき，値が異なる.

　たとえば２は切り上げても２だが，上の式によると [$2+1$]=[3]=3
となって１だけ大きくなる.

　x が整数であることは $x=[x]$ と表わされるから，次のように分け
てかけば完全である.

$$\begin{matrix} x \text{の１未満} \\ \text{の切り上げ} \end{matrix} \left\{ \begin{array}{ll} [x+1] & (x \neq [x]) \\ x & (x=[x]) \end{array} \right.$$

　しかし，実用上は簡単な切り抜け策がある. x は小数で表わされた
近似値とし，たとえば小数部分が３けたであるならば，１を加える代
りに 0.999 を加えることにする. そうすると

　　　　[$2+0.999$]=[2.999]=2

　　　　[$2.999+0.999$]=[3.998]=3

となって，両端も正しい切り上げになる.

一般には，1 の代りに $1-\varepsilon$ を用いる．

x の 1 未満の切り上げ　$[x+1-\varepsilon]$

ただし，ε は近似値 x の誤差より小さい正の数を選ぶ．

$$\times \qquad\qquad\qquad \times$$

まるめ方をさらに一歩すすめ，任意の位未満をまるめることを考えてみる．たとえば 3672 の 100 未満を切り捨てるには，次の手順をふめばよい．

$$3672 \longrightarrow 36.72 \longrightarrow 36 \longrightarrow 3600$$
$$\underset{\div 10^2}{|} \qquad \underset{\substack{1\,未満を\\切り捨て}}{|} \qquad \underset{\times 10^2}{|}$$

これを式でかくと $\left[\dfrac{3672}{10^2}\right]\times 10^2$ これを一般化すれば次の式になる．

x の 10^n 未満の切り捨て　$\left[\dfrac{x}{10^n}\right]\times 10^n$

同様にして

x の 10^n 未満の四捨五入　$\left[\dfrac{x}{10^n}+0.5\right]\times 10^n$

x の 10^n 未満の切り上げ　$\left[\dfrac{x}{10^n}+1-\varepsilon\right]\times 10^n$

▨ 電報料金の式 ▨

電報料金や税金のように階段式に変化する量を式で表わそうとすると，ガウス関数に頼らざるをえない．この種の問題は，昔は遊びの域を出なかったが，コンピュータの登場によって，常識的応用問題にかわった．コンピュータに計算させるためには，式を作って与えなければならないからである．

簡単な例として，市外普通電報料金を取り挙げてみる．この料金が

10 字までは 60 円

10 字を越すと 5 字ごとに 10 円増し

であったとしよう.

　物価騰貴のはげしい最近のことだから, 料金は変っているかもしれないが, 数学的には問題にしなくてよい. 式を作る原理に変わりはないからである. 字数が n のときの料金を s 円と表わすことにしよう.

　$0<n\leqq10$ のとき　$s=60$

　$n>10$ のとき 5 字増すごとに, 料金は 10 円増すのだから, $n-5$ を 5 で割った商を 10 円にかけたものを 60 円に加えて

$$s=60+\left[\frac{n-5}{5}\right]\times10$$

　これで完全と思って, $n=10$ を代入してみると $s=70$ となって合わない. そこで念のため $n=9$, $n=11$ を代入してみると

　　　$n=9$　のとき　$s=60$

　　　$n=11$　のとき　$s=70$

となって実際と合う. $n=10$, 15,20,… のように料金の変わるところがくるっている. このくるいは $n-5$ を $n-6$ にかえるだけで直る.

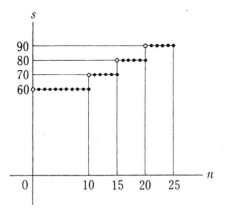

$$s=60+\left[\frac{n-6}{5}\right]\times10$$

　この微妙なちがいは, グラフでみるとはっきりする.

　上の式はかきかえると

$$s=60+\left[\frac{n-10}{5}+1-\frac{1}{5}\right]\times 10$$

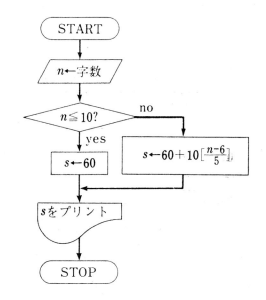

$\frac{1}{5}=\varepsilon$ とおいてみると, 切
り上げの式と同じになる.
電報料金は切り上げ方式
で計算することになって
いるから, 階段の切れめ
が問題になるのである.

　この電報料金をコンピ
ュータに計算させるとき
のフローチャートを参考
にあげてみる.

▨ i 月 j 日は何曜日か ▨

　月と日を知って, 何曜日かをあてることをコンピュータにやらせる
にはどうすればよいか. それには, まず, i 月 j 日は元旦から数えて
何日目になるかを計算する式が作れなければならない. i 月 j 日は元
旦から k 日目であるとすると, k は i, j の関数になる.

　　　$k=f(i,j)$

　1 か月は 30 ときまっていれば, 式は

　　　$(i-1)\times 30+j$

と簡単に求められる.

　実際は, 31 日の月が 1 月, 3 月, 5 月, 7 月, 8 月, 10 月, 12 月と不規
則にならび, さらに 2 月は 28 日だからしまつが悪い. この不規則な分

を調節しなければならない．この調節する分は i の関数だから $\varepsilon(i)$ で
表わせば

$$k = (i-1) \times 30 + j + \varepsilon(i)$$

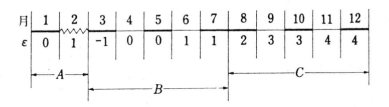

調節するための日数 ε を月ごとに求めてみると図のように不規則で
はあるが，3つのグループ A, B, C に分けてみると，各グループには
規則がある．この ε は，n を自然数とするとき $\left[\dfrac{n}{2}\right]$ の値の中から，
連続した数値として取り出すことができる．

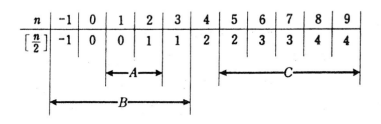

A の場合の ε は，$n = i$ だから　$\varepsilon(i) = \left[\dfrac{i}{2}\right]$

B の場合の ε は，$n = i-4$ だから　$\varepsilon(i) = \left[\dfrac{i-4}{2}\right]$

C の場合の ε は，$n = i-3$ だから　$\varepsilon(i) = \left[\dfrac{i-3}{2}\right]$

以上をまとめてみる．

$$k = \begin{cases} 30(i-1)+j+\left[\dfrac{i}{2}\right] & (1 \leqq i \leqq 2) \\[3mm] 30(i-1)+j+\left[\dfrac{i-4}{2}\right] & (3 \leqq i \leqq 7) \\[3mm] 30(i-1)+j+\left[\dfrac{i-3}{2}\right] & (8 \leqq i \leqq 12) \end{cases}$$

思ったよりも簡単な式で表わされた. ガウス関数が主役を果した感じである.

×   ×

さらに欲を出し, この式を1つにまとめることを考えよう. $\varepsilon(i)$ をかきかえてみる.

$$\begin{array}{ll} A & \left[\dfrac{i-0+0}{2}\right] \\[3mm] B & \left[\dfrac{i-4+0}{2}\right] \\[3mm] C & \left[\dfrac{i-4+1}{2}\right] \end{array} \Bigg\} = \left[\dfrac{i-p+q}{2}\right]$$

p と q をガウス関数で表わすことをくふうすればよい.

i	1	2	3	4	5	6	7	8	9	10	11	12
p	0	0	4	4	4	4	4	4	4	4	4	4
q	0	0	0	0	0	0	0	1	1	1	1	1

この表から

$$p = 4\left[\frac{i+7}{10}\right] \qquad q = \left[\frac{i+2}{10}\right]$$

これで, ようやく1つの式にまとめられる.

$$k = 30(i-1)+j+\left[\frac{1}{2}\left(i-4\left[\frac{i+7}{10}\right]+\left[\frac{i+2}{10}\right]\right)\right]$$

× 　　　　　　　　　　×

この式から，何曜日かを知るには，k を 7 で割ったときの余りを求めればよい．k を 7 で割ったときの余りを W とすると

$$W = k - 7\left[\frac{k}{7}\right]$$

ここで余り W に曜日を割り当てる．たとえば，元旦が月曜のときは，次の表のように W に曜日を対応させる．

W	0	1	2	3	4	5	6
曜日	日	**月**	火	水	木	金	土

もし，元旦が水曜日ならば

W	0	1	2	3	4	5	6
曜日	火	**水**	木	金	土	日	月

と対応させる．

たとえば，元旦が月曜のとき，8 月 15 日は何曜日かを求めてみる．$i = 8$, $j = 15$ とおくと

$$k = 30 \times 7 + 15 + \left[\frac{1}{2}\left(8 - 4\left[\frac{15}{10}\right] + \left[\frac{10}{10}\right]\right)\right]$$

$$= 225 + \left[\frac{1}{2}(8 - 4 + 1)\right] = 225 + \left[\frac{5}{2}\right] = 227$$

$$W = 227 - 7\left[\frac{227}{7}\right] = 224 - 4 \times 32 = 6$$

8 月 15 日は土曜日である．

● 練 習 問 題 (8) ●

38. 次の関数のグラフをかけ．

(1)　$y=[x]+2$　　　(2)　$y=x-[x]$

(3)　$y=\left[\dfrac{x}{5}\right]$　　　(4)　$y=\left[\dfrac{x-1}{5}\right]$

39.　市内の普通電報の料金は 10 字までは 30 円で，10 字を越せば 5 字ごとに 7 円増すという．字数が n の電報の料金を s とするとき，s を n の式で表わせ．

40.　a を正の整数とするとき，任意の実数 x に対して

$$a[x]\leqq[ax]$$

が成り立つことを証明せよ．（京都教育大）

41.　a,b,k が整数で $k>0$ であるとき，区間 $(a,b]$ 内にある k の倍数の個数を求めよ．

42.　次のことを証明せよ．

(1)　$x-[x]<\dfrac{1}{2}$ ならば　$[2x]=2[x]$

(2)　$x-[x]\geqq\dfrac{1}{2}$ のときは　$[2x]=2[x]+1$

43.　次のことを証明せよ．

$$[2x]+[2y]\geqq[x]+[x+y]+[y]$$

44.　$500!$ は 7 の何乗でちょうど割り切れるか．

9. トレミーの定理をめぐって

▓ トレミーの定理とは？ ▓

トレミー（Ptolemy A. D. 85～165）の定理といわれても，最近は知らない読者が多いであろう．

初等幾何のはなやかであった一昔前は，学生の常識であった．初等幾何の神通力の薄れた最近は「そんな珍しい定理があったのかしら」といった程度かもしれない．

見捨てられはしたが，それによって，この定理の意外さ，美しさが消滅したわけではない．

幾何のことも取り挙げてほしいとの読者の要望に答えて，この昔なつかしい定理を思い出してみた．リバイバルブームの歌謡曲をきくような気持で，気楽に読んで頂けたらと思う．

この定理は円に内接する四角形の線分の積に関するもので，いかにも初等幾何（ユークリッド幾何）らしい香りがただよっている．

とにかく，定理を紹介しよう．

定理 1

円に内接する四角形の対辺の積の和は，対角線の積に等しい．

すなわち四角形 ABCD が円に内接するならば

$$AB \cdot CD + AD \cdot BC = AC \cdot BD \qquad \text{①}$$

ホントかしらと疑いたくなるほど，形のきれいな定理である．

A, B, C, D の距離は適当に制限し，円の半径を限りなく大きくすると，円弧は直線に近づき，線分 AB, BC などは，この直線に限りなく近づき，次の定理が導かれる．

1 直線上の 4 点 A, B, C, D がこの順にあれば

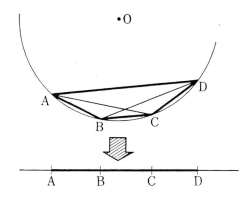

$$AB \cdot CD + AD \cdot BC = AC \cdot BD$$

である．

　4点の順序は必ずしも A, B, C, D の順でなくてもよいが，.このよう

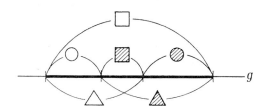

に制限しても一般性を失わない．要するに，上の図で

$$\bigcirc \times \text{⬤} + \square \times \text{▨} = \triangle \times \text{◮}$$

となればよいのである．

　この直線上の場合の定理はオイラー（Euler 1707〜1783）の定理と呼ばれている．

　オイラーの定理が，4つの線分を有向線分とみてもつねに成り立つことは，g を数直線にかえ，座標を使えば簡単に証明できる．

　有向線分では AB＝−BA だから，これを使ってかきかえると

$$AD \cdot CB + BD \cdot AC + CD \cdot BA = 0$$

となり，型は一層ととのう.

D および A, B, C の座標をそれぞれ x, a, b, c とすると，上の等式は
$$(x-a)(b-c)+(x-b)(c-a)+(x-c)(a-b)=0$$
となって，よくみかける恒等式に姿をかえる.

　　　　　　　　×　　　　　　　　　　　×

四角形 ABCD が円に内接しなかったとすれば，等式①はどう変わるか. 当然の疑問である. ＝ は ╪ に変わるのかと思うと，そうではない. ＝ は ＞ に変わるのである.

定理

四角形 ABCD が円に内接しないときは
$$AB \cdot CD + AD \cdot BC > AC \cdot BD \qquad ②$$

定理1,2は転換法を用いる条件をみたしているから，ともに逆が成り立ち，①の等式は，四角形 ABCD が円に内接するための必要十分条件であることがわかる.

定理1,2を総括すると，平面上の任意の4点 A, B, C, D について
$$AB \cdot CD + AD \cdot BC \geqq AC \cdot BD$$
が成り立つとなる.

▨ 初歩的証明のいろいろ ▨

初等幾何の本をみると，あたかも申し合わせたように，次の証明がのせてある.

初等幾何の証明

平面上の任意の四角形を ABCD とする.

△DAB に同じ向きに相似な △DEC を作る.

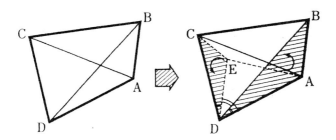

　ここで同じ向きとは，△DAB の周上を D──→A──→B の順にま
わったときの回転の向きと，△DEC の周上を D──→E──→C の順
にまわったときの回転の向きとが一致することである.

　△DAB∽△DEC から

$$DA : DE = DB : DC \qquad\qquad ①$$

$$DB : DC = AB : EC \qquad\qquad ②$$

　② から　$AB \cdot DC = DB \cdot EC$ 　　　　　　　　　　　　③

　次に △DAE と △DBC をくらべてみると，∠ADE と ∠BDC と
は等しく，しかも ① が成り立っているから

　△DAE∽△DBC

　∴　AD : DB = AE : BC

　　∴　$AD \cdot BC = DB \cdot AE$ 　　　　　　　　　　　　　　④

　③ と ④ の両辺をそれぞれ加えると

$$AB \cdot CD + AD \cdot BC = DB(EC + AE)$$

ところが $EC + AE \geqq AC$ だから

$$AB \cdot CD + AD \cdot BC \geqq BD \cdot AC$$

これで一般の場合が証明された.

　等号の成り立つのは $EC + AE = AC$ となる場合，すなわち，E が

線分 AC 上にある場合で，このときは

$$\angle DBA = \angle DCE = \angle DCA$$

となるから，4 角形 ABCD は円に内接する．

余弦の定理による証明

トレミーの定理の特殊な場合として，ピタゴラスの定理が導かれる．

4 角形 ABCD が長方形になった場合を考えると $a{\cdot}a + b{\cdot}b = c{\cdot}c$ すなわち

$$a^2 + b^2 = c^2$$

となるからである．

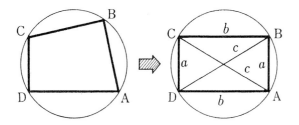

逆に，ピタゴラスの定理を用いて，トレミーの定理が証明できるだろうか．

三角形の余弦定理はピタゴラスの定理を拡張したもので，この 2 つは論理的には同値である．したがって，上の疑問に答えるには，余弦

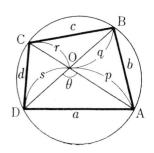

の定理を用いて，トレミーの定理が証明できるかどうかを検討すれば
よい．

図のように線分の長さと対角線の交角を表わしてみる．

この四角形が円に内接するための 必要十分条件は $pr=qs$，したが
って

$$s=\frac{pr}{q}$$

を用いるだけで，証明ができるはずである．

$\triangle OAD$ に余弦の定理を用いて上の等式を代入すると

$$a^2=\frac{p^2}{q^2}(q^2+r^2-2qr\cos\theta)$$

また $\triangle OBC$ から

$$c^2=q^2+r^2-2qr\cos\theta$$

これらの2式から

$$ac=\frac{p}{q}(q^2+r^2-2qr\cos\theta)$$

同様にして

$$bd=\frac{r}{q}(p^2+q^2+2pq\cos\theta)$$

Ptolemy
（ギリシア 85〜165）

上の2式を加え，右辺を因数分解すると

$$ac+bd=\raise.5ex{}(p+r)\left(q+\frac{pr}{q}\right)=(p+r)(q+s)$$

これでトレミーの定理はどうにか証明されたが，感心するほどのも
のではない．

上の証明では，四角形が円に内接する条件として，方べきを用いた．
もし，円周角を用いたとしたらどうなるだろうか．

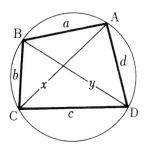

　円に内接する四角形の対角は補角をなすことを用いてみる.

　$\triangle ABC, \triangle ACD$ に余弦定理を用いると

$$a^2 + b^2 - x^2 = 2ab \cos B$$

$$c^2 + d^2 - x^2 = 2cd \cos D$$

ところが, $\cos D = \cos(\pi - B) = -\cos B$ であるから, 2式から
$\cos B, \cos D$ を消去することができる.

$$cd(a^2 + b^2 - x^2) + ab(c^2 + d^2 - x^2) = 0$$

これを x^2 について解いて変形してみると

$$x^2 = \frac{(ac+bd)(ad+bc)}{ab+cd} \tag{①}$$

となり, 意外に形のととのった式が現われる.

　同様のことを y についても試み

$$y^2 = \frac{(ac+bd)(ab+cd)}{ad+bc} \tag{②}$$

これらの2式をかけると

$$x^2 y^2 = (ac+bd)^2 \qquad \therefore \quad xy = ac + bd$$

この証明なら, スカッとした感じである.

　その上, 円に内接する四角形の4辺の長さを知って, 対角線の長さ
を求める公式も導かれた.

この式に現われた $ac+bd$ は，トレミーの定理に直結したもの．残りの $ab+cd$, $ad+bc$ は幾何学的に何を意味するか．この謎は，練習問題の7をみれば解明されよう．

×　　　　　　　　　　　　×

余弦定理は正弦定理と同値だから，正弦定理を用いても証明できるはずであるが，これについては，興味ある話題があるので，あとへまわし，ガウス平面の利用へうつろう．

▨ ガウス平面による証明 ▨

先にあげた初等幾何のよく知られた証明は，補助線のひき方が手品的で，ちょっと考えつかない．初等幾何の得意な人でも，ヒントを与えられなければ，手ごわいだろう．このことは初等幾何の欠陥として，多くの人によって批判されてきた．

ところが，この手品的な点がクイズ的興味をそそるらしく，代数は嫌いだが，幾何はおもしろかったというおとなが意外に多いのだから，奇妙である．

「ユークリッド幾何を葬れ」といった，威勢のよい批難が向けられると，「判官びいき」も手つだって，初等幾何を擁護する学者が現われるから，世の中はおもしろい．

これについては，次の機会にゆずり，ガウス平面の利用を考えてみる．

複素数は四則演算ができるので，ユークリッド幾何の問題の証明には強力である．

ガウス平面上の四角形を ABCD とする．原点はどこでもよいのだが，計算を楽にするため，1つの頂点 D を原点に選び，残りの頂点

A, B, C の座標をそれぞれ x, y, z としてみる.

ガウス平面上の 2 点 A(x), B(y) の距離 AB は $|y-x|$ によって表わされるから

$$\text{AB}\cdot\text{CD}+\text{AD}\cdot\text{BC}=|y-x|\cdot|z|+|x|\cdot|z-y|$$
$$=|yz-xz|+|xz-xy|$$

これと大小を比較する式は

$$\text{AC}\cdot\text{BD}=|y|\cdot|z-x|$$

であるから, y をくくり出してみる.

$$\text{AB}\cdot\text{CD}+\text{AD}\cdot\text{BC}=|y|\left(\left|z-\frac{xz}{y}\right|+\left|\frac{xz}{y}-x\right|\right)$$

$$\geqq|y|\cdot\left|z-\frac{xz}{y}+\frac{xz}{y}-x\right|=|y||z-x|=\text{AC}\cdot\text{BD} \qquad ①$$

これで一般の場合が証明された. 初等幾何のような技巧に頼らずに, すんなりと証明できて楽しい.

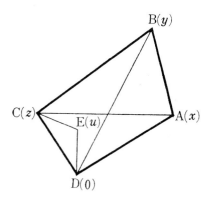

さて, 等号の成り立つのは, ① の等号が成り立つとき, それは点 $\dfrac{xz}{y}$ が, 2 点 x, z を結ぶ線分上にあるときである.

$$\frac{xz}{y}=u \text{ とおくと } \frac{y}{x}=\frac{z}{u}$$

u を座標にもつ点を E とすると，上の等式は △DAB と △DEC とが同じ向きに相似であることを表わす．したがって，点 E(u) は，初等幾何の証明のときに作図した点 E と全く同じ点である．複素数を用いた証明が，初等幾何的証明のとき苦労した補助線のひき方を教えてくれるとは意外であろう．

等号が成り立つときは，E が線分 AC 上にあるのだから，四角形 ABCD は円に内接する．

×　　　　　　×

証明する不等式を

$$\left|\frac{z(y-x)}{y(z-x)}\right|+\left|\frac{x(z-y)}{y(z-x)}\right|\geqq 1 \tag{②}$$

と変形すれば，円周角と結びつく．

| | の中を左から順に M, N とおくと

$$左辺=|M|+|N|\geqq|M+N|$$

ところが $M+N$ を計算してみると 1 に等しいから

$$左辺\geqq 1$$

四角形 ABCD が円に内接すれば，等号が成り立つことを示そう．それには M,N が同符号になることを示せばよい．

$$\arg M=\arg\frac{y-x}{y}-\arg\frac{z-x}{z}=\angle DBA-\angle DCA=0$$

偏角が 0 になる数は正の数に限るから $M>0$, 同様にして $N>0$, そこで

$$左辺=|M|+|N|=|M+N|=1$$

となって等号が成り立つ．

▨ 正弦を用いた証明 ▨

証明の形をととのえるために，円周上に一点 P をとって，A, B, C, D と結び，角を PD を基準としてはかり

$$\angle DPA = \alpha, \quad \angle DPB = \beta, \quad \angle DPC = \gamma$$

とおいてみる．

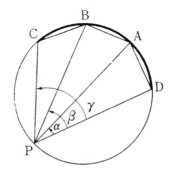

この円の半径を R とすると，正弦定理によって，弦の長さは

$$DA = 2R \sin\alpha, \quad DB = 2R \sin\beta$$

などとなる．証明する式を

$$DA \cdot BC + DC \cdot AB = DB \cdot AC \qquad\qquad ①$$

とかきかえ，正弦定理の式を代入し，両辺を $4R^2$ で割ると

$$\sin\alpha \sin(\gamma-\beta) + \sin\gamma \sin(\beta-\alpha) = \sin\beta \sin(\gamma-\alpha) \quad ②$$

完全に正弦のみの式に変った．これを証明すればよい．

両辺を別々に加法定理を用いて展開してみよ．等しいことがたやすくわかる．その計算は読者の練習として残しておこう．

        ×   ×

一方，角だけに目をつけると，恒等式

$$\alpha(\gamma-\beta)+\gamma(\beta-\alpha)=\beta(\gamma-\alpha) \qquad\qquad ③$$

が成り立つ.

この両辺に $4R^2$ をかけて,

$$2R\alpha=\overset{\frown}{DA},\ \ 2R\beta=\overset{\frown}{DB}$$

などでおきかえると

$$\overset{\frown}{DA}\cdot\overset{\frown}{BC}+\overset{\frown}{DC}\cdot\overset{\frown}{AB}=\overset{\frown}{DB}\cdot\overset{\frown}{AC} \qquad\qquad ④$$

オイラーの定理は１直線上の線分の長さの関係であったから, 長さをかえずに, 直線を曲線にかえても, そのまま成り立つ. ④ は直線を円周にかえたものに当たる.

④ から逆に ① へさかのぼる場合を考えてみよ.

円周に関するオイラーの定理における弧の長さを弦の長さにかえたものも成り立ち, それはトレミーの定理なのである.

この不思議な関係は興味深い.

▨ 正弦の加法定理の一般化 ▨

正弦に関する恒等式 ② は興味をそそるから, すべての項を左辺へ移し, 形を整えてみよう.

定理 3

$$\sin\alpha\sin(\beta-\gamma)+\sin\beta\sin(\gamma-\alpha)+\sin\gamma\sin(\alpha-\beta)=0$$

実は, この恒等式は, 正弦の加法定理を一般化したものに当たるのである.

ふつう, われわれが, 正弦の加法定理と呼んでいるもの

$$\sin(\alpha+\beta)=\sin\alpha\cos\beta+\cos\alpha\sin\beta \qquad\qquad ①$$

は，名は正弦の加法定理でも，余弦を含み，不純な感じがする．定理3は正弦のみから成り純粋である．

加法定理によって定理3を証明したのだから

正弦の加法定理 ⇒ 定理3

である．

この逆は成り立つだろうか．

定理3において，$\alpha=\beta=\gamma=0$ とおくことによって

$$\sin 0 = 0$$

が導かれる．

次に定理3で $\gamma=0$ とおくと

$$\sin\alpha\sin\beta + \sin\beta\sin(-\alpha) = 0$$

$\sin\beta \neq 0$ をみたすように β を選んでおけば

$$\sin(-\alpha) = -\sin\alpha$$

正弦は奇関数であることも導かれる．

定理3において $\gamma=\dfrac{\pi}{2}$ とおいてみると

$$\sin\alpha\sin\left(\beta-\frac{\pi}{2}\right) + \sin\beta\sin\left(\frac{\pi}{2}-\alpha\right) + \sin\frac{\pi}{2}\sin(\alpha-\beta) = 0$$

正弦は奇関数であることを知ったから，それを用いてかきかえると

$$\sin\frac{\pi}{2}\sin(\alpha-\beta) = \sin\alpha\sin\left(\frac{\pi}{2}-\beta\right) - \sin\left(\frac{\pi}{2}-\alpha\right)\sin\beta$$

ここで，$\sin\left(\dfrac{\pi}{2}-\beta\right)$ を $\cos\beta$ で表わすことにし，さらに $\sin\dfrac{\pi}{2}=1$ を認めるならば，

$$\sin(\alpha-\beta) = \sin\alpha\cos\beta - \cos\alpha\sin\beta$$

となって正弦の加法定理が導かれる．

　以上により，定理3は正弦の加法定理を一般化したものであること
を知った．

　トレミーの定理は，三角関数の加法定理の姿をかえたものに過ぎな
いのである．

　しかも，この加法定理を一般化した式は，オイラーの定理を表わす
恒等式

$$\alpha(\beta-\gamma)+\beta(\gamma-\alpha)+\gamma(\alpha-\beta)=0$$

の $\alpha, \beta, \gamma, \beta-\gamma, \gamma-\alpha, \alpha-\beta$ を，それぞれ $\sin\alpha, \sin\beta, \sin\gamma,$
$\sin(\beta-\gamma), \sin(\gamma-\alpha), \sin(\alpha-\beta)$ で置きかえたものに等しい．

▨ トレミーの定理と反転 ▨

　トレミーの定理は円について成り立ち，円の半径を無限大にしたと
きの極限とみられる直線上でも成り立った．このことから，円と直線
を区別しないある世界で，トレミーの定理は健在であることが想像さ
れる．そのような世界として，身近なものは，反転の世界である．

　反転によって，円は円または直線にうつり，直線も円または直線に
うつるから，直線と円の区別は重要でない．直線を半径無限大(∞)の
円と考えて，円に含めたとすれば，反転によって円は円にうつると総
括される．

　この反転によって，トレミーの定理はどんな定理に姿をかえるだろ
うか．それをあきらかにするのが，次の課題である．

　さて，それでは反転とはなにか．

　大部分の読者はご存じのことと思うが，幾何に弱い読者のことも考
慮し，簡単な説明を加えておこう．

　定点を A，図形 g 上の動点を P ($P \neq A$) とする．半直線 AP 上に点

P′ をとって

$$AP \cdot AP' = k^2 \qquad (k \text{ は正の定数})$$

をみたすようにしたとき, P に P′ を対応させる写像を **反転** といい,
A を **反転の中心**, k を **反転の半径** という.

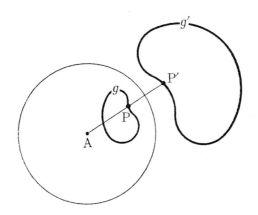

　直線 g はその上にない点 A を中心に反転すれば, A を通る円にな
る.

　これを初等幾何によって証明しておく.

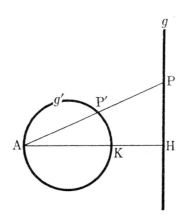

A から g にひいた垂線の足を H とし, 半直線 AH 上に AH・AK=

k^2 となる点 K をとれば，K は定点である．

$$AP \cdot AP' = AH \cdot AK (= k^2)$$

この式から，4点 P, P′, K, H は1つの円周上にあることがわかり

$$\angle AP'K = \angle AHP = 90°$$

したがって，P′ は線分 AK を直径とする円周 g' 上にある．この円 g' が直線 g を反転したものである．

逆に，円をその周上の点 A を中心に反転すれば直線になることは，上の証明を逆にたどることによってあきらかにされる．

×   ×

トレミーの定理は4点に関するものであるが，見方をかえ，1点 O を特別と考え，残りの3点 A, B, C は同等に扱ってみると，新しい幾何学的意味が浮上ってくるから不思議である．

$$OC \cdot AB + OA \cdot BC \geqq OB \cdot AC \qquad ①$$

この両辺を OA·OB·OC に割って，式の形をかえると

$$\frac{AB}{OA \cdot OB} + \frac{BC}{OB \cdot OC} \geqq \frac{AC}{OA \cdot OC} \qquad ②$$

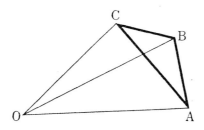

2点 A, B に実数 $\dfrac{AB}{OA \cdot OB}$ を対応させる関数を考え，これを $d(A, B)$ で表わしてみると，この関数

$$d(\mathrm{A},\mathrm{B}) = \frac{\mathrm{AB}}{\mathrm{OA}\cdot\mathrm{OB}}$$

は，距離の条件をみたしている．ただし A, B は O に重ならないとしておく．

D$_0$ $d(\mathrm{A},\mathrm{B}) \geqq 0$

D$_1$ $d(\mathrm{A},\mathrm{B}) = 0 \iff \mathrm{A} = \mathrm{B}$

D$_2$ $d(\mathrm{A},\mathrm{B}) = d(\mathrm{B},\mathrm{A})$

さらに ① から

D$_3$ $d(\mathrm{A},\mathrm{B}) + d(\mathrm{B},\mathrm{C}) \geqq d(\mathrm{A},\mathrm{C})$ ③

となって，**三角不等式**も成り立つ．

　この距離は奇妙な距離で，A, B の少なくとも一方が点 O に近づけば限りなく大きくなり，A, B が O から遠ざかるほど小さくなる．

　こんな空間にわれわれが住んでいたら頭がおかしくなるだろう．いや，それは取越し苦労というもの．外から眺めるものには奇妙に見えても，そこに住むものは「井戸の中のかわず」で，気づかないはずである．

　　　　　　　　×　　　　　　　　　×

　さて，この奇妙な距離をもった空間全体に反転を行なって，別の空間へうつしかえたとしたら，距離はどう変わるだろうか．

　O を中心とする半径 r の反転によって，2点 A, B がそれぞれ A′,

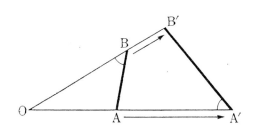

B′ へうつったとすると

$$OA \cdot OA' = OB \cdot OB' = r^2$$

この式から △OAB と △OB′A′ とは相似になるから

$$\frac{A'B'}{AB} = \frac{OA'}{OB}$$

右辺をかきかえると

$$\frac{A'B'}{AB} = \frac{OA \cdot OA'}{OA \cdot OB} = \frac{r^2}{OA \cdot OB}$$

$$\therefore \quad A'B' = r^2 \frac{AB}{OA \cdot OB} = r^2 d(A, B)$$

もとの空間の2点 A, B の距離 $d(A, B)$ は，新しい空間の2点 A′，B′ でみると，線分 A′B′ の長さを r^2 で割ったものになる．r^2 は定数だから，この距離は，ユークリッド空間の距離と同値で，まともな空間になった．

×　　　　　　　　　×

この反転によって，3点 A, B, C がそれぞれ A′, B′, C′ へうつったとすると，距離の三角不等式 D_3 は，

$$\frac{A'B'}{r^2} + \frac{B'C'}{r^2} \geqq \frac{A'C'}{r^2}$$

すなわち

$$A'B' + B'C' \geqq A'C' \qquad\qquad ④$$

となる．

これはユークリッド空間では当然成り立つ不等式で，証明するまでもない．

以上の推論を逆にたどると，④ から ③ が，③ から ② が，さらに ② から ① が導かれて，目的の不等式が導かれる．

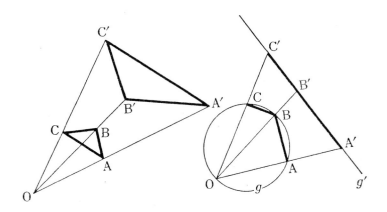

① の等号の成り立つのは，④ の等号が成り立つとき，④ の等号が成り立つのは点 B′ が線分 A′C′ 上にあるとき.

直線 g′ の原像は，O を通る円 g であるから，B′ が線分 A′C′ 上にあれば，B は弧 AC 上にあり，四角形 OABC は円に内接する.

▨ トレミーの定理の応用 ▨

大学入試に関係のある応用を二，三あげてみよう.

―――― 例題 1 ――――――――――――――――――――――

円 O の直径を AB，1 つの半円周の中点を C とする. 他の半円周上の任意の点を P とするとき

$$\frac{AP + BP}{CP}$$

は P の位置に関係なく一定であることを証明せよ.

――――――――――――――――――――――――――――――

トレミーの定理を用いれば，一発必中である.

$$AP \cdot BC + BP \cdot AC = CP \cdot AB$$

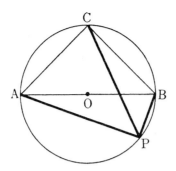

AC＝BC＝a とおくと AB＝$\sqrt{2}\,a$ であるから，これを上の式に代入し，両辺を a で割れば

$$\mathrm{AP}+\mathrm{BP}=\sqrt{2}\,\mathrm{CP} \qquad \therefore \quad \frac{\mathrm{AP}+\mathrm{BP}}{\mathrm{CP}}=\sqrt{2}$$

トレミーの定理を用いない場合の証明については，練習問題を参照．

―――― 例題2 ――――――――――――――――――――――

四角形 ABCD において AB＝CD＝a, AC＝BD＝b のとき， AD と BC の積は一定であることを証明せよ．ただし $b>a$ とする．

―――――――――――――――――――――――――――――

△ABD と △DCA とは合同であるから， ∠ABD と ∠ACD は等しい．したがって四角形 ABCD は円に内接する．

トレミーの定理によって

$$\mathrm{AB}\cdot\mathrm{CD}+\mathrm{AD}\cdot\mathrm{BC}=\mathrm{AC}\cdot\mathrm{BD}, \quad a^2+\mathrm{AD}\cdot\mathrm{BC}=b^2$$

$$\therefore \quad \mathrm{AD}\cdot\mathrm{BC}=b^2-a^2 \ (一定)$$

―――― 例題3 ――――――――――――――――――――――

3次元の空間で，ねじれ四角形を ABCD とするとき

$$\mathrm{AB}\cdot\mathrm{CD}+\mathrm{AD}\cdot\mathrm{BC}>\mathrm{AC}\cdot\mathrm{BD}$$

であることを証明せよ．

―――――――――――――――――――――――――――――

ねじれ四角形は，平面上の四角形を，その1つの対角線を折りめと
して折りまげたものである．ねじれ四角形 ABCD を展開し，1つの
平面上に拡げて作った四角形を ABCD′ としてみよ．

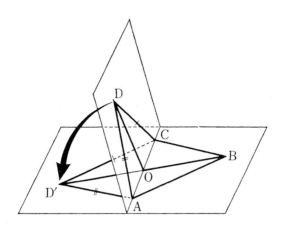

四角形 ABCD′ において

$$AB \cdot CD' + AD' \cdot BC \geqq AC \cdot BD'$$

$CD' = CD,\ AD' = AD$ だから

$$AB \cdot CD + AD \cdot BC \geqq AC \cdot BD' \qquad ①$$

線分 BD′ が直線 AC と交わる点を O とすると

$$BD' = BO + OD' = BO + OD > BD$$

$$\therefore \quad AC \cdot BD' > AC \cdot BD \qquad ②$$

① と ② から

$$AB \cdot CD + AD \cdot BC > AC \cdot BD$$

▨ フェルマーの問題 ▨

トレミーの定理の応用として興味あるのはフェルマーの問題である．

与えられた鋭角三角形 ABC 内に 1 点 P をとり，P から 3 頂点 A,B,C までの距離の和が最小になる点を求めよ.

これが**フェルマーの問題**である.

一見簡単なようで，計算に頼るとやっかいである. 初等幾何によれば，補助線のひき方が運命をきめる.

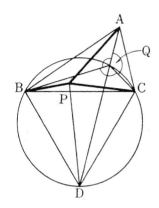

BC を 1 辺とする正三角形 BCD を，BC に関して A の反対側に作り，四角形 PBDC に定理を用いると

$$PB \cdot CD + PC \cdot BD \geqq PD \cdot BC \qquad ①$$

ところが $CD = BD = BC$ だから

$$PB + PC \geqq PD$$

これを用いると

$$PA + PB + PC \geqq PA + PD$$

一方三角不等式によって

$$PA + PD \geqq AD \qquad ②$$

$$\therefore \quad PA + PB + PC \geqq AD \qquad ③$$

等号が成り立てば，AD が最小値である.

③ の等号が成り立つのは，① と ② の等号が同時に成り立つときである．

① の等号は，P が △BCD の外接円の弧 BC 上にあるとき成り立ち，② の等号は P が線分 AD 上にあるとき成り立つ．

したがって，AD と弧 BC との交点を Q とすると，P が Q に一致したとき PA＋PB＋PC は最小になる．

点 Q は ∠BQC＝∠CQA＝∠AQB＝120° をみたす点で，**フェルマ一点**ともいう．

● 練 習 問 題 (9) ●

45. 正方形 ABCD の外接円の弧 AD 上の任意の点を P とするとき，

$$\frac{PA+PD}{PB+PC}$$

は一定であることを証明せよ．

46. 例題 1 を次の方法で証明せよ．

(1) ∠ACP＝θ, AB＝$2r$ とおいて，PA, PB, PC を r と θ で表わす．

(2) AP の延長上に PB に等しい PQ をとって，△CPB と △AQB とを比較する．

47. 例題 2 を次の方法で証明せよ．

A, D から BC に垂線 AH, DK をひき，ピタゴラスの定理を用いる．

48. 長方形 ABCD をそれがおかれてある平面上で頂点 A のまわりに回転し，頂点 C, D の移動した点をそれぞれ C′, D′ とする．C′ が辺 CB の延長上にあるとき，

(1) D, B, D′ が同一直線上にあることを証明せよ.

(2) 線分 DD′ の長さを求めよ. ただし AB=a, AD=b とする.

(京都工繊大)

49. 正五角形 ABCDE の外接円の弧 AB の上の任意の点を P とするとき

$$PA+PB+PD=PC+PE$$

である. これをトレミーの定理を用いて証明せよ.

50. 円 O の直径を AB とする. 2つの鋭角 α, β が与えられたとき, 半円上に P, Q をとって, ∠BAP=α, ∠BAQ=β となるようにする. ただし, P と Q は AB について反対側にとる.

この図にトレミーの定理を用い, 正弦の加法定理

$$\sin(\alpha+\beta)=\sin\alpha\cos\beta+\cos\alpha\sin\beta$$

を導け.

51. 円 O に内接する四角形の4つの辺の長さを順に a, b, c, d とすると, 次の順の4つの長さを辺とする四角形で, 円 O に内接するものがあることをあきらかにせよ.

(イ) a, b, d, c (ロ) a, c, b, d

この事実を用いて, もとの内接四角形の対角線の長さを求めよ.

52. 1つの円 g に内接する四角形 ABCD がある. B, C を含まない弧 AD 上の1点を O とする. O を中心として, 半径1の反転を行なったとき, 4点 A, B, C, D がそれぞれ A′, B′, C′, D′ へうつったとすると, これらの点は1直線 g' 上にある.

A′, B′, C′, D′ についてオイラーの定理が成り立つことをもとにして, 次のことを導け.

(1) $d(\mathrm{A},\mathrm{B}) \cdot d(\mathrm{C},\mathrm{D}) + d(\mathrm{A},\mathrm{D}) \cdot d(\mathrm{B},\mathrm{C}) = d(\mathrm{A},\mathrm{C}) \cdot d(\mathrm{B},\mathrm{D})$

(2) $\mathrm{AB} \cdot \mathrm{CD} + \mathrm{AD} \cdot \mathrm{BC} = \mathrm{AC} \cdot \mathrm{BD}$

ただし

$$d(\mathrm{A},\mathrm{B}) = \frac{\mathrm{AB}}{\mathrm{OA} \cdot \mathrm{OB}}, \quad d(\mathrm{C},\mathrm{D}) = \frac{\mathrm{CD}}{\mathrm{OC} \cdot \mathrm{OD}}$$

などとする.

10. 立体幾何の構造

▓ は じ め に ▓

　現在の数学教育で，幾何は冷遇されているものの1つである．特に高校でははなはだしい．原因はいろいろ考えられるが，過去の幾何の指導が，空間の構造を理解させるという本来の目的を忘れ，時代離れした問題の証明に浮身をやつしていた罪とも みられよう．「坊主憎けりゃケサまでも」というわけで，「ユークリッド幾何を葬れ」の声へとエスカレートした．葬ってはみるがうまい代案がないので，しぶしぶ生かしておく．半殺しのままとは気の毒な幾何である．

　葬る以上は，確固とした代案がなければならない．代案なしの葬れでは，「現体制はぶっこわすが，その後のことは知らん」というゲバ学生と変わるところがないわけで，無責任であろう．

　代案として，折れ線の幾何が現われたが，効能書きの割合には，拡まらないようである．「良薬は口ににがい」ためであろうか．にがいなら，砂糖をまぶし，口当たりをよくすればよいわけだが，それでは純粋性が失われる．意地と人情の板ばさみのような話である．とかく，この世は住みにくい．

　空間の認識には，いくつかのランクがある．もう，一昔前のことであるが，私は史的に見て，4つのランクを考えた．

　第1段階——直観幾何で，古代エジプトの図形の応用がこれに当たるだろう．

　第2段階——部分的論証幾何，ターレスなどが試みたように，図形の性質のうち，一部分が論証の対象になったものをさす．

　第3段階——体系的論証幾何，ユークリッド原本にはじまる．

　第4段階——公理的論証幾何，ヒルベルトにはじまるとみてよいだ

ろう.

　現在の数学教育でみると，第1段階は小学校，第2段階は中学校とみてよい．第3段階は高校であったが，数年前から姿を消し，今度の新しい指導要領で復活した．第4段階は大学ということになるが，数学科以外ではむりであろう.

　しかし，平面幾何と立体幾何とでは，かなりの差がみられる．立体幾何は，現在のところ，第3段階に達する高校の教科書は少ない．学生は直観幾何に毛の生えた程度の知識を持っているに過ぎない．だから，ちょっと，込み入った問題になると，学生は題意もつかめず，図もかけないのである.

　ヒルベルトによらずば幾何にあらず，空間の認識にもならないという人がいるが，私はそうは思わない．空間の認識はユークリッドでも可能で，特に応用上は，これで十分なことが多い．物を作るのに，ヒルベルトの幾何まで掘り下げる人はいないだろう.

　ヒルベルト流の幾何は，すでに認識した空間の知識を分析し，再構成したもので，その公理的方法による空間の構造の認識は，純数学的には比類なく重要であるが，教育的には高嶺の花といった感じである.

　そこで，今回は，教育上問題の多い立体幾何を，ユークリッド原本的段階において，見直してみたい.

▨ 問題点はどこか ▨

　立体幾何指導上の問題点はどこにあるか．いろいろの声がきこえる.
「手品のような証明が多い」
「見通しが悪い」
「背理法や同一法が多過ぎる」

「分り切っていることを証明するみたい」

「習ったあとから忘れる.…… 最後に残るのは三垂線の定理とかいうコトバだけ」

「ときどき，直観的みたい」

「図がかけない」

「図をみても立体感がわかない」

どれも，これも，もっともな意見で，反論に苦しむ.

「分り切ったこを証明するみたい」は止むを得ない.　直観的に知ったものを，論理的に整理して，知識を体系的に把握しようとしているのだから.

立体感は，図のかき方や実物・模型の利用で，多少補われよう.

「習うあとから忘れる」が最も重要な問題点か.　論証体系の整備によって救う道はないだろうか.

「思い出すのは三垂線の定理」は傾聴に価する.

この定理は，立体幾何の重要な定理の1つで，「見れば分る」とかたづけられない内容と外観を備えている.

平面幾何でたいせつなものとして

　　三角形の内角定理

　　三角形の合同条件

　　ピタゴラスの定理

　　比例線

　　三角形の相似の条件

を挙げる人がいる.

これにならって，立体幾何でたいせつな定理を挙げれば，次のようなものになろう.

平行線の推移律

直線と平面の垂直

三垂線の定理

したがって，立体幾何の論証体系を考えることは，これらの順序を
どうするかの検討にかかっているとみてよい．

従来の立体幾何がむずかしく，嫌われる第1の原因は，平行線の推
移律の証明のまずさにあるといっても過言ではない．これが，入口に
現われるから一層悪い．

平行線の推移律というのは，a, b, c を直線とするとき

$$a \| b, b \| c \Rightarrow a \| c$$

のことである．

平面上では，同位角を用いて簡単に証明できるにもかかわらず，空
間ではむずかしい．

この定理はどこで必要か．知らない人が意外に多い．その罪は，従
来の幾何の指導が，空間の構造を論理的に知ることを無視している点
にある．

この定理は，空間において

(1)　ねじれの位置にある2直線の角

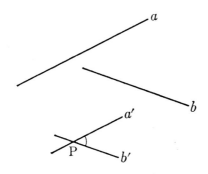

(2)　交わる2つの平面の角

を定義するときに必要なのである.

　2直線 a, b があるとき, 1点Pから a, b にそれぞれ平行に a', b' を
ひいたとき, a' と b' の交角によって, a, b の角を定義するのであるが,
そのためには, Pの位置に関係なく a', b' の交角は一定であることを
いわなければならない. そのとき, 平行線の推移律が必要になる.

　だから, 角の拡張 (1), (2) を用いるのであったら, その前に, 平行
線の推移律を導いておかなければならない.

　さて, それでは, この推移律は, 何から導かれるか. 平行線に関す
ることであるから,

$$\text{平行線の公理} \quad \left\{ \begin{array}{l} \text{1点を通って, 1直線に平行な直線は} \\ \text{ただ1つである} \end{array} \right.$$

に関係があることは, 容易に予想されよう. 実はこのほかに

　　　　結合の公理　　　2平面の交わりは1つの直線である

を用いると, 導かれるのである.

　従来の立体幾何は, 主として, 上の公理をもとにして導くが, 誘導
の順序がまずいので, 嫌われるもとになっている.

　この体系では, 論証を

$$\begin{array}{cccc} (\text{i}) & (\text{ii}) & (\text{iii}) & (\text{iv}) \\ \genfrac{}{}{0pt}{}{\text{平行線の}}{\text{推移律}} \longrightarrow & \text{角の拡張} \longrightarrow & \genfrac{}{}{0pt}{}{\text{直線と平}}{\text{面の垂直}} \longrightarrow & \genfrac{}{}{0pt}{}{\text{三垂線の}}{\text{定理}} \end{array}$$

の順序に展開する.

　この順序を変えることはできないだろうか. たとえば

$$(\text{iii}) \longrightarrow (\text{iv}) \longrightarrow (\text{i}) \longrightarrow (\text{ii})$$

の順序をとることによって, 見通しのよいものにすることはできない

か.

3次元空間は，平面とそれに垂直な直線とで構成される．平面は2次，直線は1次で

$$2次＋1次＝3次$$

となって，互いに補空間の関係にある．

1つの平面に垂直な直線はすべて平行であるから，平行線の性質は，それに垂直な平面を仲立ちとして導かれるだろう．

さらに，1つの直線に垂直な平面はすべて平行であるから，平行平面の性質は，それに垂直な直線を仲立ちとして導かれるだろう．

この予想は正しい．したがって，論証体系として

$$(iii) \longrightarrow (iv) \longrightarrow (i) \longrightarrow (ii)$$

が可能である．

(iii)の直線と平面の垂直は，2直線の垂直がもとになることはいうまでもない．そこで，2直線の垂直を何によって判断するかを，平面の場合へもどって，検討することにしよう．

▓ 平面幾何における垂直 ▓

平面幾何をみると，2直線の垂直を見分ける重要な定理は，次の2つである．

(1) 二等辺三角形の中線

二等辺三角形の中線は，底辺に垂直である．

$AB=AC$ の $\triangle ABC$ において辺 BC 上の点を M とすると

$$BM=CM \iff AM \perp BC$$

(2) ピタゴラスの定理

△ABC において

$$a^2 = b^2 + c^2 \iff AB \perp AC \quad (\angle A = 90°)$$

これらの拡張を考えておくことは，立体幾何で，垂直を取扱う上で重要なのであるが，このことは意外と気づかれていない.

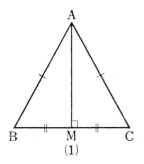
(1)

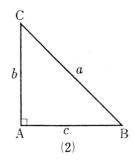
(2)

(1) は，タコ型 (1′) に拡張される.

四角形 ABCD において

$$AB = AD, \quad BC = CD$$

ならば

$$AC \perp BD$$

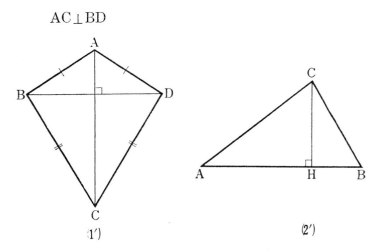
(1′)   (2′)

この図は，三角形の「3辺合同の条件」の証明のときに現われる．

(2)を拡張するには，直角三角形を2つつないだ(2′)を作ればよい．

△ABC で，C から AB に垂線 CH をひくと

$$AC^2 - AH^2 = CH^2$$

$$BC^2 - BH^2 = CH^2$$

この2式から

$$AC^2 - AH^2 = BC^2 - BH^2$$

これは移項した

$$AC^2 - BC^2 = AH^2 - BH^2$$

を用いることが多い．

　この逆が成り立つことはたやすく証明されるので，次の定理が得られる．

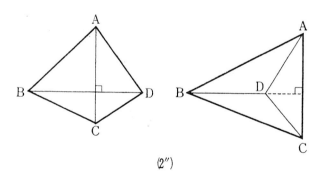

(2″)

△ABC において，AB 上の点を H とすると

$$AC^2 - BC^2 = AH^2 - BH^2 \iff CH \perp AB$$

これをさらに拡張したのが，図 (2″) の定理である．

$$AB^2 - AD^2 = CB^2 - CD^2 \iff AC \perp BD$$

→**注1**　定理 (2″) における等式は，移項すると
$$AB^2 + CD^2 = AD^2 + BC^2$$
すなわち，対辺の平方の和が等しい．

→**注2**　(1) は (1′) の特殊な場合，(2′) は (2″) の特殊な場合とみられる．なお，(2′) と (2″) はピタゴラスの定理 (2) の拡張とみてもよい．

▨ 垂直の立体化 ▨

ここでいう立体化とは，3次元の空間化である．

(1) の図を AM を折りめとして，折りまげると，対称な四面体の特殊な場合になる．

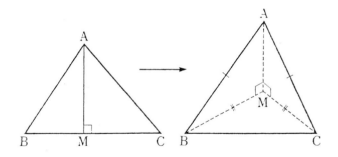

(1′) の図を，AC を折りめとして，折りまげると，一般の対称四面体が得られ，四角形 ABCD はねじれ四角形になる．

(2′)，(2″) についても，同様の立体化が可能で，これらの図は，い

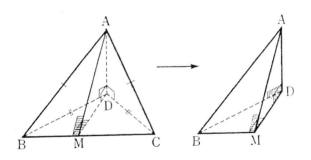

ずれも，空間における垂直を導くのに用いると効果的である．

　しかし，それらを全部説明するのはわずらわしいし，推論の混乱を
きたす恐れがあるので，ここでは，あとで必要な，特殊対称四面体に
話をしぼることにしよう．

　左頁下の図は，4つの条件

$$AB=AC,\ BD=CD,\ \angle ADB=\angle ADC=90°$$

をみたす対称四面体である．

　この四面体では，BCの中点をMとすると

$$AM\perp BC,\quad DM\perp BC$$

が導かれる．

　この性質は，平面における二等辺三角形の性質の拡張にあたるもの
である．

　二等辺三角形の半分をとると，直角三角形になって，ピタゴラスの
定理と結びついた．

　これを空間でみると，上の対称四面体を，平面AMDで半分に切っ
たときピタゴラスの定理と結びつき，ピタゴラスの定理の拡張とみら
れる定理が得られるのである．

　この四面体には4つの直角

$$\angle ADB,\ \angle ADM,\ \angle BMA,\ \angle BMD$$

があるが，実際は，これらのうち，3つを直角に作れば，残りの1つ
はおのずから直角になるのである．

　4つの角から，3つの角の選び方は4通りあるが，この立体の形か
らみて，本質的には次の2通りである．

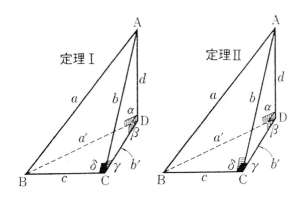

Ⅰは α, β, γ が直角ならば，δ が直角になる場合

Ⅱは α, β, δ が直角ならば，γ が直角になる場合

Ⅰの場合を証明してみる.

$$\alpha=\beta=90° \text{ から } a^2-a'^2=b^2-b'^2(=d^2)$$

移項して　$a^2-b^2=a'^2-b'^2$

ところが $\gamma=90°$ であるから　$a'^2-b'^2=c^2$

$$\therefore \quad a^2-b^2=c^2 \qquad \therefore \quad \delta=90°$$

Ⅱも同様にして証明される.

この定理を別の側面から眺めてみると，3つの線分 a, b, c から，ピタゴラスの定理によって，長さ

$$\sqrt{a^2+b^2+c^2}$$

の線分を作図する場合に，結合律

$$(a^2+b^2)+c^2=a^2+(b^2+c^2)$$

が成り立つことを示している.

横へ a だけ進み，向きを直角にかえて縦に b だけ進み，さらに，向きをかえて上へ c だけ進んだとすると次の図になる.

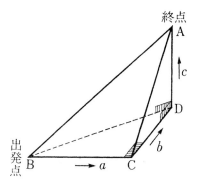

このとき，出発点から終点までの距離を求めてみる．

直角三角形 BCD から $BD=\sqrt{a^2+b^2}$，直角三角形 ABD から

$$AB=\sqrt{BD^2+c^2}=\sqrt{(a^2+b^2)+c^2}$$

ところが，一方 $\triangle ACD$ は直角三角形だから，$CA=\sqrt{b^2+c^2}$ また，定理 I によって，$\triangle ABC$ も直角三角形になるから

$$AB=\sqrt{a^2+CA^2}=\sqrt{a^2+(b^2+c^2)}$$

出発点から終点までの距離の求め方が 2 通りあることを保証するのが，定理 I と II なのである．

立体幾何の 1 つの体系

定理 I，II を用いて，空間の構造を論理的にあきらかにするのが，これらの目標である．

これらの定理 I，II を，**四面体の直角定理 I，II** と呼ぶことにしよう．

立体幾何は，平面幾何の公理に，ほんのわずかの公理を追加することによって構成される．

立体幾何の公理

(1)　1直線上にない3点を通る平面は1つだけある.

(2)　平面上の2点を通る直線は, その平面に含まれる.

(3)　2つの平面は1点を共有すれば, その点を通る1直線を共有する.

以上の公理は, 点, 直線, 平面の点の共有に関するもので, 結合の公理と呼ばれている.

このほかに, 平面外に少なくとも1つの点があるといった, 次元の公理も必要であるが, そこまでは掘り下げないことにする.

なお, 平行の定義としては,

　　　　2直線は, 1つの平面上にあって共有点をもたない

　　　直線と平面は共有点をもたない

　　　2つの平面が共有点をもたない

をとる.

以上の公理があれば, 四面体の直角定理 I, II が導かれる. この定理の証明には, 先に示したように, ピタゴラスの定理が主役を演じた.

はじめに, 直線と平面の垂直を定義したいが, それには, まず, 次の定理をあきらかにしなければならない.

定理 III　　直線 g が平面 α と点 O で交わり, O を通り, しかも α 上にある2直線 a, b に垂直ならば, 直線 g は O を通り α 上にある任意の直線 c に垂直である.

（証明）　g 上の1点を P とする. a, b にそれぞれ点 A, B をとって OA＝OB となるようにし, 直線 AB と直線 c との交点を C とする.

AB の中点を M とすると, △PAB, △OAB は二等辺三角形であ

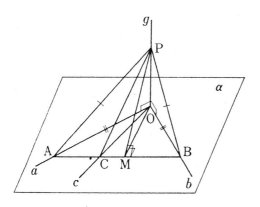

るから

　　　　PM⊥AB，　　OM⊥AB

そこで，四面体 PAMO に目をつけると，定理Ⅱによって，

　　　　∠POM＝90°

次に四面体 PCMO に目をつけると，定理Ⅰによって

　　　　∠POC＝90°

すなわち

　　　　$g \perp c$

この定理から，たやすく，「１直線 g 上の１点 O を通り，g に垂直なすべての直線は，１つの平面 α を作る」が導かれる．

そこで，この平面 α を，g に**垂直な平面**と定義する．

従来の教科書をみると，直線 g 上の点 O を通って，g に垂直な直線は１つの平面 α を作ることを黙認し，直線 g と平面 α の垂直を定義してあるが，この順序は論理的におかしい．これを黙認するならば，このことから，定理Ⅲは導かれるのである．

この事実を，O 大学の A 教授に話したら，そんなオカシナ話があ

るかと頑固に拒否されたのにはおそれ入った. オカシイという方がオ
カシイようだ. 習慣というものは恐ろしい.「一犬吠えて, 万犬これ
にならう」が数学の教科書でもまかり通り, それに従わないと現場の
教師も気持が悪いらしい. こんな例は, 挙げたらきりがないが.

　直線と平面の垂直を定義したら, 三垂線の定理へ直行することがで
きる.

三垂線の定理　平面 α 外の 1 点 P から平面 α にひいた垂線の足
を Q とし, Q から平面 α の直線 g にひいた垂線の足を R とすれ
ば

$$PR \perp g$$

である.

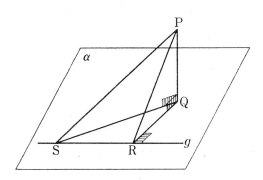

（証明）　g 上に 1 点 S をとって, 四面体 PQRS を作ってみよ. 3 つ
の角が直角であるから, 定理 I によって残りの角 PRS も直角にな
る.

$$\therefore PR \perp g$$

この定理の逆も正しい. 忘れた諸君もおるだろうから念のために挙

げておく.

三垂線の定理の逆

上の図で

$$PQ \perp \alpha, \ PR \perp g \Rightarrow QR \perp g$$

このほかに,教科書によっては

$$\left.\begin{array}{l} PR \perp g, \ QR \perp g \\ PQ \perp QR \end{array}\right\} \Rightarrow PQ \perp \alpha$$

を挙げたものがある.

しかし,この第2の逆は,3点 P,Q,R を通る平面を α' とし,α' を α と思って見ると,三垂線の定理と内容が等しいから,新しい定理とはいいがたい.

▨ 平行線の性質へ ▨

三垂線の定理を用いると,平行線と平面との垂直関係が導かれる.

> **定理 IV**　a, b を直線,α を平面とすると
>
> $$\left.\begin{array}{l} a \perp \alpha \\ b \perp \alpha \end{array}\right\} \Rightarrow a /\!/ b$$

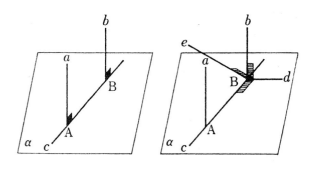

（証明）　a, b が α と交わる点をそれぞれ A, B とし，A, B を通る直線を c とすると，a, b が c に垂直であることは，a, b が α に垂直であることからただちに導かれる．したがって，a, b が平行であることを示すには，a, b が 1 つの平面上にあることを示せばよい．

平面 α 上で，B から直線 c に垂線 d をひくと

$$c \perp d$$

また $b \perp \alpha$ から

$$b \perp d$$

B を通って，a と交わる直線 e をひくと $a \perp \alpha$, $c \perp d$ から三垂線の定理によって

$$e \perp d$$

以上により，b, c, e は d に垂直だから，d に垂直な 1 つの平面上 β にある．したがって，a, b はその平面 β 上にある．

全く同様の証明によって，この定理の逆が導かれる．

定理 IV の逆　a, b を直線，α を平面とするとき

$$a \| b, \ a \perp \alpha \Rightarrow b \perp a$$

定理 IV とこの逆があると，平行線の推移律はたやすく導かれる．

平行線の推移律

a, b, c を直線とするとき

$$a \| b, \ b \| c \Rightarrow a \| c$$

（証明）　a に垂直な 1 つの平面 a を作れ．

$$a \| b, \ a \perp \alpha \Rightarrow b \perp \alpha$$

次に

$$b /\!/ c, \quad b \perp \alpha \Rightarrow c \perp \alpha$$

そこで

$$a \perp \alpha, c \perp \alpha \Rightarrow a /\!/ c$$

この推移律から導かれる重要な定理は，2辺がそれぞれ平行な2つ
の角の相等である．

定理 V

$$\left.\begin{array}{l} OA /\!/ O'A' \\ OB /\!/ O'B' \end{array}\right\} \longrightarrow \angle AOB = \angle A'O'B'$$

厳密には，OA と O'A'，OB と O'B' はそれぞれ同じ向きに平行と
いうべきであるが，分りきったことだから省略した．

証明は多くの教科書にみられるものと変わらない．どこで平行線の
推移律が用いられるかを反省されたい．

$$OA = O'A', \quad OB = O'B'$$

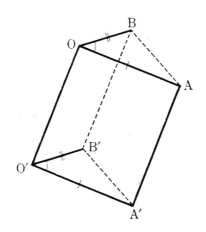

となるように作図する.

　四角形 OAA′O′, OBB′O′ は平行四辺形だから

$$AA′\,\|\,OO′, \qquad OO′\,\|\,BB′$$

ここで推移律を使うと

$$AA′\,\|\,BB′$$

これから先は，読者におまかせしよう.

　以上の準備がすめば，角の拡張として

　　　　　ねじれの位置の2直線のなす角

　　　　　2つの平面のなす角

が定義される.

　以上で，論理体系の一試案の説明は済んだから，最後に，二,三 気
づいたことを追加しよう.

▨ 平行線の推移律の別証明 ▨

　平行線の推移律は，直線と平面の垂直を用いなくとも，

　　　　　結合の公理　と　平行線の公理

から直接導かれる.

　教科書の証明は，これによるものが多いが，見透しがよくないから，
もっとスカッとしたものを挙げてみる.

　射影幾何でみると

(1)　1直線上にない3点は1平面を決定する.　この双対の命題は，
　　　点と平面を入れかえた.

(2)　1直線で交わらない3平面は1点を決定する.

となる.

(2)を図に かいてみると，3つの平面は3面角を作ることを示す．
3つの平面を α, β, γ とし

     β と γ の交わりを a

     γ と α の交わりを b

     α と β の交わりを c

とすれば，a, b, c は1点Pで交わることと同じ．

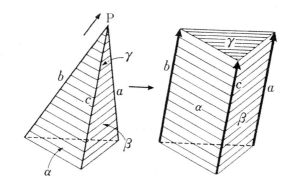

  この図で，Pを無限遠点に移すと，a, b, c は同時に平行になって，
アフィン空間の平行線の性質が導かれる．

  この事実を初等的に証明してみる．

定理 (i)   3つの平面 α, β, γ があって，β と γ，γ と α，α と β
の交わりをそれぞれ a, b, c とするとき，a, b が交われば，b と c，
c と a も交わり，これらの交点は一致する．

（証明） a, b の交点をPとすると，

     Pは a 上にあるから，Pは β, γ 上にある．

     Pは b 上にあるから，Pは α, γ 上にある．

したがって

> P は α, β 上にある.

ゆえに

> P は α, β の交線 c 上にある.

以上によって, a, b, c は点 P で交わることがあきらかにされた.

定理 (i) を条件文でかくと

> a, b が交わる $\Rightarrow$ b と c が交わる

ある条件文が真ならば, その対偶も真であるから, 上の定理から直ちに

> b と c が交わらない $\Rightarrow$ a と b は交わらない

b と c, a と b はそれぞれ 1 つの平面上にあるから, 交わらないとすれば, 平行であるから

> $b \| c \Rightarrow a \| b$

同様にして

> $b \| c \Rightarrow a \| c$

も導かれる.

そこで, 次の定理がわかった.

定理 (ii)　3 つの平面 α, β, γ があって, β と γ, γ と α, α と β の交わりをそれぞれ a, b, c とするとき

> $b \| c \Rightarrow a \| b, a \| c$

これは見方を変えれば,「$b \| c$ のとき, b を含む平面を γ, c を含む平面を β とすると, β と γ の交線 a は, b, c に平行になる」ということ

とである.

　以上の準備があれば, 平行線の推移律は導かれる.

$$a\|b, b\|c \Rightarrow a\|c$$

を証明しよう.

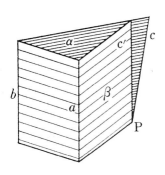

　これを証明するには, a, b をそれぞれ含む平面を考え, それらの交わりが c になるようにできることを示せばよい.

　c 上の1点を P とし,

　　b と c の定める平面を α

　　a と P の定める平面を β

とし, α, β の交わりを c' とすれば

$$b\|c', \ a\|c'$$

ところが, 仮定によって

$$b\|c$$

c と c' は1点 P から b に平行にひいた直線であるから, 平行線の公理によって一致する.

　したがって, $a\|c'$ から

$$a\|c$$

▨ 特殊四面体について ▨

2つの頂点に，直角が2つずつある四面体は，坂道をまっすぐ登るときと，斜めに登るときの比較をみるときに現われる.

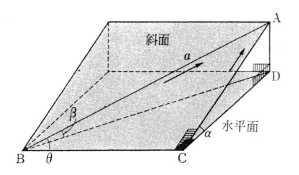

斜面を真すぐに登るときの角を α，水平線と θ の角をなして登るときの角を β とすると，これらの角は上図の四面体 ABCD の面上の角として表わされる.

AB$=a$ とおくと，直角三角形 ABC, ABD から

$$AC = a \sin\theta, \quad AD = a \sin\beta$$

次に直角三角形 ACD から

$$\sin\alpha = \frac{AD}{AC} = \frac{a \sin\beta}{a \sin\theta}$$

$$\therefore \quad \sin\beta = \sin\alpha \sin\theta$$

α と θ が与えられれば，この式から β を求めることができる.

α, β, θ の余角をそれぞれ α', β', θ' とすると，これらの余角はいずれも A を頂点とする角で，上の等式から

$$\cos\beta' = \cos\alpha' \cos\theta'$$

が導かれる.

● 練 習 問 題 (10) ●

53. ねじれ四角形 ABCD において,

$$AB^2 + CD^2 = BC^2 + AD^2 \implies AC \perp BD$$

となることを証明せよ.

54. 上の問題の逆もまた真であることを示せ.

55. 正四面体 ABCD において, A から面 BCD に下した垂線の足を H とすれば, H は正三角形 BCD の重心になることを証明せよ.

56. 正四面体の 2 つの面のなす角を α とするとき, $\cos\alpha$ の値を求めよ.

また, 1 つの辺と, これに交わる面とのなす角を β とするとき, $\cos\beta$ の値を求めよ.

57. 四面体 OABC があって, $\angle$AOB, $\angle$BOC, $\angle$AOC は直角である.

$$\angle CAO = \alpha, \qquad \angle CBO = \beta$$

さらに 2 つの面 CAB, OAB のなす角を θ とするとき, 次の等式が成り立つことを証明せよ.

$$\tan^2\theta = \tan^2\alpha + \tan^2\beta$$

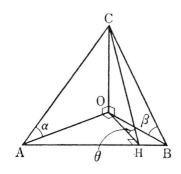

58. 前問で

$$\angle ACO = \alpha', \quad \angle BCO = \beta', \quad \angle ACB = \theta'$$

とおけば

$$\cos \theta' = \cos \alpha \cos \beta$$

となることを証明せよ.

59. 問題 57 の図で, $OA = a$, $OB = b$, $OC = c$ のとき $\triangle ABC$ の面積を求めよ.

60. 前問で, $\triangle OAB$, $\triangle OBC$, $\triangle OCA$, $\triangle ABC$ の面積をそれぞれ s_1, s_2, s_3, s とすれば

$$s^2 = s_1{}^2 + s_2{}^2 + s_3{}^2$$

となることを証明せよ.

11. コーシーの関数方程式

▨ 関数方程式とは？ ▨

　ふつう方程式というのは未知数を含む等式のことで，その解の存在，解の性質，解の求め方などが，考察の対象になる．

　これに対し，これから取扱う**関数方程式**は未知の関数を含む等式であって，その未知の関数の存在，性質，求め方などが課題になる．

　たとえば

$$f\left(\frac{x+y}{2}\right) = \frac{f(x)+f(y)}{2}$$

はよく見かける関数方程式で，これをみたす関数は1次関数

$$f(x) = ax + b$$

に限ることが，あとであきらかにされる．

　関数

$$y = f(x)$$

における変数 x, y は，一般には実数，複素数，ベクトル，などでもよいわけであるが，ここでは読者対象を考慮し，実数に限定しておこう．

　実数全体の集合を **R**，その部分集合を D とするとき，

　　　D から **R** への写像 f

がここで取り扱う関数で，略して**実関数**ともいう．

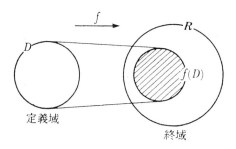

脱ぐは着るの逆操作

　終域はきまっているから，問題になるのは主として定義域 D で，置き換えを試みるときは値域 $f(D)$ も問題になることが起きよう．

　高校の数学や大学入試に現われる関数方程式にはどんなものがあるだろうか．

　これを知るには，日頃取扱っている関数から，係数を消去し，関数方程式を作ってみればよい．

　関数方程式を解くことは，作ることの逆操作と無縁ではないから．したがって，解くことを知るためにも作ることは意義がある．

　初等的関数のうち，最も基礎になるのは１次関数

$$f(x)=ax+b \qquad\qquad ①$$

である．

　これのみたす関数方程式を作るには，定数 a, b を消去することをくふうすればよい．

x を y にかえて

$$f(y) = ay + b \qquad\qquad ②$$

消去する文字が 2 つだから，等式がもう 1 つ必要 である．それには，とくに制限がないから，たとえば

$$f(x+y) = a(x+y) + b \qquad\qquad ③$$

を選んでみる．

  ③ − ① $f(x+y) - f(x) = ay$

  ③ − ② $f(x+y) - f(y) = ax$

さらに，この 2 式から a を消去して

  (1) $(x-y)f(x+y) = xf(x) - yf(y)$

  形は整っているが，やや複雑な関数方程式ができた．

  もっと簡単なものを作るには，③ の代りに

$$f\left(\frac{x+y}{2}\right) = \frac{a(x+y)}{2} + b \qquad\qquad ④$$

を用いればよい．(①+②)÷2 を作ってみると，

$$\frac{f(x) + f(y)}{2} = \frac{ax + ay}{2} + b$$

  これと ④ とから

  (2) $f\left(\dfrac{x+y}{2}\right) = \dfrac{f(x) + f(y)}{2}$

      ×   ×

  1 次関数のうち，とくに定数項のないもの，すなわち比例

$$f(x) = ax$$

の場合はどうか．

  この関数から，容易に，次の 3 種の関数方程式が導かれる．

  (3) $yf(x) = xf(y)$

(4)　$f(x+y)=f(x)+f(y)$

(5)　$f(xy)=xf(y)$

もちろん $f(x)=ax$ は $f(x)=ax+b$ の特殊な場合であるから (1),
(2) もみたすが, (3), (4), (5) ほどには, $f(x)=ax$ の性格を適確に反映
してはいない. このことは, 一般の 1 次関数が (3), (4), (5) はみたさな
いことから推測できよう.

×　　　　　　×

2 次関数ではどうか. 一般の 2 次関数

$$y=ax^2+bx+c$$

は, よく知られている変形

$$y=a\left(x+\frac{b}{2a}\right)^2-\frac{b^2-4ac}{4a}$$

を行った上で, 変数を置きかえることによって, $y=ax^2$ の形にかえら
れるから, ここでは

$$f(x)=ax^2 \qquad\qquad ①$$

を取り挙げるにとどめよう.

$$f(y)=ay^2 \qquad\qquad ②$$

①, ② から a を消去して

(6)　$y^2f(x)=x^2f(y)$

このほかに, 恒等式

$$(x+y)^2+(x-y)^2=2x^2+2y^2$$

を利用することによって, 次の変った形のものも導かれる.

(7)　$f(x+y)+f(x-y)=2\{f(x)+f(y)\}$

×　　　　　　×

簡単で, かつ興味のあるのは, 指数関数, 対数 関数, 巾関数などに

関するものであろう.

指数関数

$$f(x) = a^x$$

では，指数法則 $a^x a^y = a^{x+y}$ を関数記号で表わすことによって

(8) $f(x+y) = f(x)f(y)$

また対数関数

$$f(x) = \log_a x \qquad (x>0)$$

では，対数の性質

$$\log_a xy = \log_a x + \log_a y$$

を関数記号で表わすことによって

(9) $f(xy) = f(x) + f(y)$

さらに巾関数

$$f(x) = x^\alpha \qquad (x>0)$$

では，指数法則 $(xy)^\alpha = x^\alpha y^\alpha$ から

(10) $f(xy) = f(x)f(y)$

以上のほかに，三角関数に関するものが考えられるが，それらは次の機会にゆずることにして，本論の，関数方程式の解法にうつろう.

■ コーシーの関数方程式 ■

コーシーの関数方程式というのは，正比例 $f(x) = ax$ から導いた

(4) $f(x+y) = f(x) + f(y)$

のことである.

$f(x) = ax$ は (4) をみたす．では，逆に (4) をみたす関数は $f(x) = ax$ に限るだろうか．結論を先にいってしまったのでは実も蓋もない.

フロンテアの精神で，とにかく (4) の解法に取り組んでみよう．

(4) を反復利用することによって

$$f(x_1+x_2+\cdots+x_n)=f(x_1)+f(x_2)+\cdots+f(x_n)$$

この式で $x_1=x_2=\cdots=x_n=x$ とおいてみると

$$f(nx)=nf(x) \qquad\qquad ①$$

n は自然数であるが，x は任意の実数だから，x に $\dfrac{x}{n}$ を代入すると

$$f(x)=nf\left(\frac{x}{n}\right) \qquad \therefore \quad f\left(\frac{x}{n}\right)=\frac{1}{n}f(x) \qquad ②$$

① と ② を用いることによって

$$f\left(\frac{n}{m}\right)=nf\left(\frac{1}{m}\right)=n\cdot\frac{1}{m}f(1) \qquad \therefore \quad f\left(\frac{n}{m}\right)=\frac{n}{m}f(1) \qquad ③$$

(4) で $x=y=0$ とおくことによって

$$f(0)=f(0)+f(0) \qquad \therefore \quad f(0)=0 \qquad\qquad ④$$

③ と ④ をまとめれば，x が非負の有理数のとき

$$f(x)=xf(1) \qquad\qquad ⑤$$

が成り立つことになる．

さて，x が負の有理数のときはどうか．(4) で y を $-x$ で置きかえることによって

$$f(0)=f(x)+f(-x) \qquad \therefore \quad f(-x)=-f(x)$$

これも簡単な関数方程式の 1 つで，**$f(x)$ は奇関数**であることを表わしている．

$x<0$ のときは $x=-x'$ とおくと $x'>0$ だから，⑤ を用いることによって

$$f(x)=f(-x')=-f(x')=-x'f(1)=xf(1)$$

以上によって，x が任意の有理数のとき ⑤ の成り立つことがあき

らかになった. すなわち

$$f(x) = xf(1) \qquad (x \in \boldsymbol{Q})$$

→注　ここで $\boldsymbol{Q}$ は有理数全体の集合を表わす.
このほかに, 自然数全体の集合は $\boldsymbol{N}$ で, 整数全
体の集合は $\boldsymbol{Z}$ で表わすことに約束しておく.

Cauchy
（フランス　1789〜1857）

　したがって $f(1)$ の値が与えられておれ
ば, それを a で表わすと

$$f(x) = ax \qquad (x \in \boldsymbol{Q})$$

ここで行き詰る. x がどんな実数でも上
の式が成り立つことをいうには, x が無理数のときにも成り立つこと
をいわねばならないわけだが, それが出てこない. さて名案やいかに.

$$\times \qquad\qquad\qquad \times$$

　すべての有理数で成り立つことをもとにして, すべての無理数でも成
り立つことを保証する手近な手段は, $f(x)$ が実数全域 $\boldsymbol{R}$ で連続である
ことを補うことである.

　すなわち「$\boldsymbol{R}$ において $f(x)$ は連続である」との仮定を追加すればよ
い.

　これでよいわけをあきらかにしよう. 無理数は循環しない無限小数
で表わされる. たとえば

$$\sqrt{3} = 1.7320508\cdots\cdots$$

　見方をかえれば $\sqrt{3}$ は無限数列

$$1, \quad 1.7, \quad 1.73, \quad 1.732, \quad \cdots\cdots$$

の極限値である. この数列を

$$q_1, q_2, q_3, \cdots\cdots$$

で表わすと, $\displaystyle\lim_{n\to\infty} q_n = \sqrt{3}$

ところが, $f(x)$ は $x=\sqrt{3}$ で連続だから　$\displaystyle\lim_{n\to\infty}f(q_n)=f(\sqrt{3})$

したがって　$f(\sqrt{3})=\displaystyle\lim_{n\to\infty}aq_n=a\lim_{n\to\infty}q_n=a\sqrt{3}$

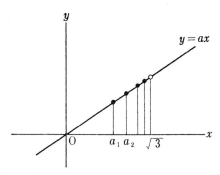

どのような無理数 x についても, 上と同様にして $f(x)=ax$ の成り立つことが証明できるわけだから

$$f(x)=ax \qquad (x\in\boldsymbol{R})$$

これで, 関数方程式 (4) の解は, 上の関数に限ることがあきらかになった.

上で知ったことをまとめておく.

$f(x)$ は $\boldsymbol{R}$ から $\boldsymbol{R}$ への関数で

(i)　$f(x+y)=f(x)+f(y)$

(ii)　$\boldsymbol{R}$ において連続

ならば求める解は

$$f(x)=ax \qquad (a=f(1))$$

である.

→注　条件 (ii) は, もっとゆるめ「ある１つ値 α で連続である」にかえても, 解くのに支障がない. なぜかというに, α で連続であれば, 任意の値 β で連続であることが導かれるからである.

α で連続とすると　$\displaystyle\lim_{y\to\alpha}f(y)=f(\alpha)$

これを用いて, β で連続であることを導くには $\displaystyle\lim_{x\to\beta}f(x)$ が $f(\beta)$ になることを

示せばよい． $x=y+\beta-\alpha$ とおくと $x\to\beta$ のとき $y\to\alpha$ となるから

$$\lim_{x\to\beta}f(x)=\lim_{y\to\alpha}f(y+\beta-\alpha)$$
$$=\lim_{y\to\alpha}\{f(y)+f(\beta-\alpha)\}=\lim_{y\to\alpha}f(y)+f(\beta-\alpha)$$
$$=f(\alpha)+f(\beta-\alpha)=f(\alpha+\beta-\alpha)=f(\beta)$$

$$\times \qquad\qquad \times$$

　ここで，先のコーシーの関数方程式の解法の推論過程を振り返っておくことは，これから先の学習の足場作りになるので，きわめて重要である．

　最後の結論はすべての実数 x について $f(x)=xf(1)$ となることであったが，それは一気に達せられたものでなく，次のように複雑な道を通った．

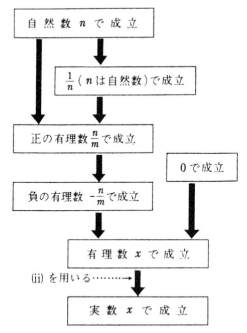

　この拡張の順序は，与えられた関数方程式によって，多少の変更はあるにしても，かなり基本的である．たとえば，自然数 n から，負の

整数 $-n$ へ進み，0 の場合を補うことによって，すべての整数で成り立つことを示す．次に単位分数，さらに任意の有理数へ，そして最後に実数へと進む順序も考えられる．しかし，この順序は，先の順序 の一部変更で，本質的な変更とはいいがたい．

　高校で指数を正の整数から，実数へ拡張した過程を思い出して頂きたい．以上の解き方に似ているのに驚くはずである．この拡張過程のパターンは応用が広いから，ここであせらず，とことんまでマスターしてしまうのが得策である．度々現われるものは，あるところで身につけてしまえば，あとは「ハハアあれか」というわけで，素通りも可能になる．

▨ $f(x+y)=f(x)f(y)$ の解法 ▨

　コーシーの関数方程式に，似ているものを解いて，解き方を練習しよう．形が似ておれば解き方も似ていよう．とはいっても，ちょっとした違いが，解き方では根本的に違うこともあるから，数学は魔物である．

　たとえば，方程式の公式は，2 次, 3 次, 4 次までは作れるが，5 次で厚い壁につきあたり，5 次以上では作れない．

　また，定木とコンパスによる正多角形の作図は，辺数が

$$3 \to 4 \to 5 \to 6$$

と正 6 角形まで行けるが，7 で決定的な障害につき当たる．

　積分による求積も球の体積はやさしく，整関数の積分に帰するが，球に似て，球よりも簡単な円の面積を求めようとすると，意外にむずかしく，整関数の積分では手が出ない．

　　　　　　×　　　　　　　　　×

　最初に，指数関数から導いた関数方程式

似たものから学ぶ.

(8) $f(x+y)=f(x)f(y)$

を取り挙げてみる.

この解は指数関数 a^x $(a>0)$ だけだろうか. コーシーの関数方程式の解き方を思い出しながら, 推論を進めてみる.

(8) を反復利用することによって

$$f(x_1+x_2+\cdots+x_n)=f(x_1)f(x_2)\cdots f(x_n)$$

ここで $x_1=x_2=\cdots=x_n=x$ とおくと

$$f(nx)=(f(x))^n \qquad (n\in N) \tag{①}$$

この式で x は任意の実数だから $\dfrac{x}{n}$ $(n\in N)$ で置きかえると

$$f(x)=\left(f\left(\frac{x}{n}\right)\right)^n$$

ここで両辺の n 乗根をとり

$$f\left(\frac{x}{n}\right)=(f(x))^{\frac{1}{n}} \qquad ②$$

を導きたい. しかし, それには $f\left(\dfrac{x}{n}\right)$ が負では困る. 一般に $f(x)\geqq 0$ が, 与えられた方程式から出ないものか. 実は, それが簡単に出るのである.

(8) によって

$$f(x)=f\left(\frac{x}{2}+\frac{x}{2}\right)=\left(f\left(\frac{x}{2}\right)\right)^2\geqq 0$$

ここでさらに $f(x)$ が 0 の場合を吟味しておこう. $f(x)$ を 0 にする x の値が少くとも 1 つあったとし, その 1 つを α とすると,

$$f(\alpha)=0$$

この条件があれば, 任意の実数 x に対し

$$f(x)=f(x-\alpha+\alpha)=f(x-\alpha)f(\alpha)=0$$

となり, $f(x)=0$ は解の 1 つであることがわかる.

したがって, 残りの解を求めるには, $f(x)$ がつねに 0 でない, すなわち, つねに正のときを調べればよい.

つねに $f(x)>0$ のとき, ② は成り立つから, ①,② を用いて

$$f\left(\frac{n}{m}\right)=\left(f\left(\frac{1}{m}\right)\right)^n=((f(1)^{\frac{1}{m}})^n=(f(1))^{\frac{n}{m}}$$

$f(1)=a(>0)$ とおくと

$$f\left(\frac{n}{m}\right)=a^{\frac{n}{m}} \qquad (m,n\in \boldsymbol{N}) \qquad ③$$

さて, $f(0)$ の値はどうなるか. (8) で $x=y=0$ とおくと $f(0)=f(0)f(0)$, $f(0)>0$ だから $f(0)\doteqdot 1$, $f(0)=a^0$

以上によって, x が非負の有理数のとき

$$f(x)=a^x \qquad ④$$

の成り立つことがあきらかになった.

次に x が任意の実数のとき

$$f(x)f(-x)=f(x-x)=f(0)=1$$

$$\therefore \quad f(-x)=\frac{1}{f(x)}=(f(x))^{-1}$$

よって x が負の有理数のときは $x=-y$ とおくと, y は正の有理数に
なるから

$$f(x)=f(-y)=(f(y))^{-1}=(a^y)^{-1}=a^{-y}=a^x$$

これで ④ はすべての有理数について成り立つことがわかった.

x が実数全体 R で成り立つことを導くには, コーシーの関数方程式
の場合と同様に「$f(x)$ は連続」の条件を追加すればよい.

以上で, 知ったことを整理してみる.

> $f(x)$ が R から R への関数で
>
> (i) $f(x+y)=f(x)f(y)$ (ii) R において連続
>
> ならば, 求める解は
>
> $$f(x)=a^x \qquad (f(1)=a>0)$$
>
> と $f(x)=0$ である.

→注1   解のうち $f(x)=0$ を導くには (ii) の条件を必要としない.

→注2   条件 (ii) は,「ある1点で連続」でもよい. その証明はコーシーの関数方
程式の場合と同様である.

→注3   第3の条件として $f(1) \neq 0$ を追加しておけば, 求める解は $f(x)=a^x$,
$a=f(1)>0$ のみになる.

$$\times \qquad\qquad\qquad \times$$

(8) の関数方程式の解法は, 最初から置換を試みると, もっとやさ
しくなる.

$f(x)=0$ 以外の解を求めるものとする. このときは $f(x)>0$ であっ

たから, (8) の両辺の自然対数をとって

$$\log f(x+y)=\log f(x)+\log f(y)$$

ここで $g(x)=\log f(x)$ とおくと

$$g(x+y)=g(x)+g(y)$$

となって, コーシーの関数方程式にかわる.

$f(x)$ が連続ならば $g(x)$ も連続だから

$$g(x)=\log f(x)=cx$$

ただし $c=g(1)=\log f(1)$

$$\therefore \quad f(x)=e^{cx}=(e^c)^x$$

よって $e^c=a$ とおくと

$$f(x)=a^x$$

▨ $f(xy)=f(x)+f(y)$ の解法 ▨

対数関数 $\log x$ から導いた関数方程式は

(9)　　$f(xy)=f(x)+f(y)$

であった. 逆に, この方程式の解は $\log x$ になるだろうか.

さぐりを入れるため $y=0$ とおいてみると

$$f(0)=f(x)+f(0)$$

よって関数が 0 において定義されておるならば $f(0)$ は 1 つの実数を表わすし, 上の式から, すべての実数 x に対して $f(x)=0$ となる.

すなわち 0 が定義域に属するならば

$$f(x)=0 \quad\quad (x\in\boldsymbol{R})$$

が唯一の解である.

では, 0 が定義域に属さない場合はどうか. コーシーの関数方程式

の解法で試みたことを振り返りながら一歩一歩ふみ出してみる.

$$f(x_1 x_2 \cdots x_n) = f(x_1) + f(x_2) + \cdots + f(x_n)$$

$x_1 = x_2 = \cdots = x_n = x$ とおいて

$$f(x^n) = n f(x) \qquad\qquad ①$$

x は正か負であるが, 最初に正の場合をかたづけよう.

$x > 0$ のとき

① の x を $a^{\frac{1}{n}}$ ($a > 0, a \neq 1, n$ は自然数) で置きかえると

$$f(a) = n f(a^{\frac{1}{n}})$$

$$\therefore \quad f(a^{\frac{1}{n}}) = \frac{1}{n} f(a) \qquad\qquad ②$$

したがって, m, n が自然数で $a > 0, a \neq 1$ のとき ①, ② から

$$f(a^{\frac{n}{m}}) = n f(a^{\frac{1}{m}}) = \frac{n}{m} f(a)$$

したがって, X が正の有理数のとき

$$f(a^X) = X f(a) \qquad\qquad ③$$

は成り立つ.

X が 0 のときはどうか. $a^0 = 1$ だから, (9) で $x = y = 1$ とおいてみると

$$f(1) = f(1) + f(1) \qquad \therefore \quad f(1) = 0$$

③ は $X = 0$ のときも成り立つ.

次に X が負の有理数のときはどうか.

$X < 0$ のとき $X = -Y$ とおいてみる.

$$f(a^Y) + f(a^{-Y}) = f(a^Y a^{-Y}) = f(1) = 0$$

$$\therefore \quad f(a^{-Y}) = -f(a^Y)$$

ここで ③ を用いると

$$f(a^{-Y}) = -Yf(a)$$

よって ③ は X が負の有理数のときも成り立つ.

結局 ③ はすべての有理数 X について成り立つことがあきらかになった.

③ がさらに, 0 でないすべての実数 X について成り立つためには, $f(x)$ が 0 以外の実数で連続であることを追加しておけばよい. その証明はコーシーの関数方程式で試みたのと大差ない.

無理数の 1 つを α としよう. 有理数の数列で α に収束するものがあるから, それを

$$X_1, X_2, \cdots, X_n, \cdots$$

とすると, $n \to \infty$ のとき

$$X_n \longrightarrow \alpha$$

a^X は連続関数だから $n \to \infty$ のとき

$$a^{X_n} \longrightarrow a^\alpha$$

さらに $f(x)$ は連続と仮定したから $n \to \infty$ のとき

$$f(a^{X_n}) \longrightarrow f(a^\alpha)$$

一方 $f(a^{X_n}) = X_n f(a) \longrightarrow \alpha f(a)$

$$\therefore \ f(a^\alpha) = \alpha f(a)$$

以上をまとめると

$$f(a^X) = X f(a) \quad (a>0, \ a \neq 1)$$

ここで $a^X = x$ とおくと $X = \log_a x$

$$\therefore \ f(x) = f(a) \log_a x \quad (x>0) \qquad ④$$

これで $x>0$ のときは終ったから, $x<0$ の場合を調べる.

<u>$x<0$ のとき</u>

x が 0 でない限り

$$f(x)=\frac{f(x)+f(x)}{2}=\frac{f(x^2)}{2}$$

この式は x を $-x$ でおきかえても成り立つから

$$f(-x)=f(x)$$

これは $f(x)$ が偶関数であることを示すから

$$f(x)=f(|x|)$$

よって ④ から

$$f(x)=f(a)\log_a|x| \qquad (x\neq 0)$$

以上で知ったことを総括しておく.

   $f(x)$ が $\boldsymbol{R}-\{0\}$ から $\boldsymbol{R}$ への関数で

  (i) $f(xy)=f(x)+f(y)$ (ii) $f(x)$ は連続関数

ならば, 求める解は

    $f(x)=f(a)\log_a|x| \quad (a>0,\ a\neq 1)$

である.

→注 $f(x)$ が $\boldsymbol{R}$ から $\boldsymbol{R}$ への関数の場合は, 0 は定義域に属するので, 解は

$$f(x)=0$$

のみとなる.

上の解は, a を自然対数 e にとり, $f(e)=k$ とおけば

$$f(x)=k\log|x|$$

と表わされる. 次の図は $k>0$ のときのグラフを示したもの.

置きかえれば同じもの.

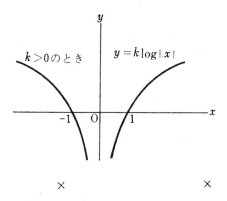

はじめから置きかえを試みれば, コーシーの関数方程式の解が利用できて簡単である.

$x>0$ のとき $x=e^X$, $y=e^Y$ とおくと与えられた方程式は

$$f(e^{X+Y})=f(e^X)+f(e^Y)$$

となる. そこで合成関数 $f(e^X)$ を $g(X)$ で表わせば

$$g(X+Y)=g(X)+g(Y)$$

これはあきらかにコーシーの関数方程式だから,解は

$$g(X)=kX$$

$$\therefore \quad f(x)=k\log x \qquad (x>0)$$

$x<0$ のときは,前と同様に $f(x)$ は偶関数になることを用いればよい.

▨ コーシーの関数方程式の応用 ▨

簡単な例から応用にはいる.

――― 例題 1 ―――――――――――――――――――――

$f(x)$ は $\boldsymbol{R}$ から $\boldsymbol{R}$ への連続な関数で,任意の実数 x, y が

(11) $f(x+y)=f(x)+f(y)-b$

をみたす.$f(x)$ はどんな関数か.

――――――――――――――――――――――――――――

次のように書きかえてみよ.

$$f(x+y)-b=\{f(x)-b\}+\{f(y)-b\}$$

ひと目でハハアーと気付くはず.簡単な置きかえ $g(x)=f(x)-b$ によって,コーシーの関数方程式

$$g(x+y)=g(x)+g(y)$$

にかわる.

$f(x)$ が連続なら $g(x)$ も連続になるから,上の方程式の解は

$$g(x)=ax, \qquad a=g(1)=f(1)-b$$

であった.

したがって

$$f(x)=ax+b$$

逆にこれは (11) をみたすから，求める解は任意の一次関数である．

――― 例題 2 ―――

$f(x)$ は連続な実関数で，任意の実数 x, y に対して

(2)　$f\left(\dfrac{x+y}{2}\right)=\dfrac{f(x)+f(y)}{2}$

のとき，$f(x)$ を求めよ．

―――――――――――――――――――――――

これは，入試にしばしば現れるものの1つで，**イェンセン** (Jensen) **の関数方程式**と呼ばれている．

先に，一次関数からこの方程式を導いた．では，逆に，この解は一次関数に限るだろうか．

解き方はいろいろ考えられるが，ここではコーシーの関数方程式との関連に焦点を合わせてみる．

(2) の x, y をそれぞれ $2x, 2y$ でおきかえると

$$f(x+y)=\dfrac{f(2x)+f(2y)}{2} \qquad ①$$

この式で $y=0$ とおくと

$$f(x)=\dfrac{f(2x)+f(0)}{2} \qquad \therefore \quad f(2x)=2f(x)-f(0)$$

x を y にかきかえて

$$f(2y)=2f(y)-f(0)$$

これらの2式を ① に代入すると

$$f(x+y)=f(x)+f(y)-f(0) \qquad ②$$

$f(0)$ は定数だから b とおいてみれば，例1の関数方程式とぴったり一致する．したがって解は，任意の一次関数

$$f(x) = ax + b$$

である.

→注　例2の解から ① → ②, 逆に ② → ① も証明できるから, ① ⇄ ②, 一方 ① ⇄ (2) だから (2) と ② は同値な関数方程式であることがわかる.

────── 例題 3 ──────────────────────────

$f(x)$ は $\boldsymbol{R} - \{0\}$ から $\boldsymbol{R}$ への連続関数で, 次の2つの条件をみたす.

     (i)　$f(xy) = f(x)f(y)$　　　(ii)　$f(x) > 0$

このとき $f(x)$ を求めよ.

────────────────────────────────────

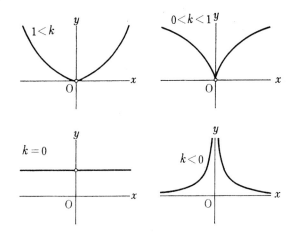

仮定の (ii) によって $f(x)$ は正だから, (i) の両辺の対数をとると

$$\log f(xy) = \log f(x) + \log f(y)$$

ここで $g(x) = \log f(x)$ とおくと

$$g(xy) = g(x) + g(y)$$

となって, 既知の関数方程式にかわる. この解は, すでに知ったように

$$g(x) = k \log |x|$$

ここで置きもどすと

$$\log f(x) = k \log |x| = \log |x|^k$$
$$\therefore \quad f(x) = |x|^k \qquad (x \neq 0)$$

▨ 微分可能の場合 ▨

　関数に微分可能の条件があれば，それを利用する道が開けるから，関数方程式の解き方は多元的になる．
　たとえばコーシーの関数方程式

$$f(x+y) = f(x) + f(y) \qquad\qquad ①$$

で，$f(x)$ は実数全体 **R** で微分可能であったとしよう．
　① で x を定数とみて，両辺を y について微分すれば

$$f'(x+y) = f'(y)$$

$y = 0$ とおくと

$$f'(x) = f'(0)$$

　x は任意定数だから，上の式は任意の実数 x について成り立つ．$f'(0) = a$ とおいて，両辺を積分すれば

$$f(x) = \int a\,dx = ax + b$$
$$f(x) = ax + b \qquad\qquad ②$$

　もとの式 ① で $x = y = 0$ とおくことによって $f(0) = 0$, よって ② から $b = 0$

$$\therefore \quad f(x) = ax$$

$$\times \qquad\qquad\qquad \times$$

　関数はある区間で微分可能ならば，その区間で連続でもあったから，「微分可能」は「連続」よりも強い条件である．コーシーの関数方程式

ワシのほうが強い.

は，連続であれば，解は $f(x)=ax$ であった．したがって上の解は当然の結果といえる．

➡注 $f(x)$ が x の1つの値で連続であれば解くのに十分であった．したがって，1つの値で微分可能でも，解く条件としては十分である．

—— 例題4 ——

関数 $f(x)$ は，任意の実数 u, v に対して

$$f(u+v)=f(u)f(v) \qquad\qquad ①$$

をみたし，また $f(1) \neq 0, f'(0)=a$ であるとする．

(1) $f(0)$ の値を求めよ．

(2) 任意の実数 x に対して $f(x) \neq 0$ であることを証明せよ．

(3) 任意の実数 x に対して $f'(x)=af(x)$ であることを証明せよ．

(4) $f(x)$ を求めよ．   （富山大）

(1) ① で $u=v=0$ とおいて

$$f(0)=f(0)f(0) \qquad \therefore \quad f(0)=0,1$$

このまま答にするのは誤り．なぜかというに，与えられた条件 $f(1)$ ≠ 0 に矛盾しないことがあきらかにされていないから，

$$f(1)f(0)=f(1+0)=f(1) \neq 0 \qquad \therefore \quad f(0) \neq 0$$

よって $f(0)=1$ だけが答である． 答 1

(2) $f(x)f(-x)=f(x-x)=f(0) \neq 0$

$$\therefore \quad f(x) \neq 0$$

(3) ① で，v を一定として，両辺を u について微分すれば

$$f'(u+v)=f'(u)f(v)$$

ここで $u=0$ とおくと

$$f'(v)=f'(0)f(v)=af(v)$$

v は任意の実数だから，x でおきかえて

$$f'(x)=af(x)$$

(4) $f(x) \neq 0$ だから $\dfrac{f'(x)}{f(x)}=a$, この両辺を x について積分すれば

$$\int \frac{f'(x)}{f(x)}\,dx=\int a\,dx$$

$$\log|f(x)|=ax+b$$

$x=0$ を代入すると $0=b$

$$\therefore \quad \log|f(x)|=ax \qquad |f(x)|=e^{ax}$$

$$\therefore \quad f(x)=\pm e^{ax}$$

これを ① にあてはめてみると，① をみたすのは e^{ax} のみであるか

ら，求める解は $f(x)=e^{ax}$ である．e^a を b で表わせば

$$f(x)=b^x \qquad (b>0)$$

● 練 習 問 題 (11) ●

61. A群に示した性質を有する関数を，B群の中から選んで記号でか
け．ただし同一関数は2度使用してはいけない．

A 群	B 群
(1) $f(-x)=f(x)$	(ア) 3^x
(2) $f(-x)=-f(x)$	(イ) $\sqrt{x}$
(3) $f(xy)=f(x)+f(y)$	(ウ) $\dfrac{1}{x}$
(4) $f(xy)=f(x)f(y)$	(エ) $2x+3$
(5) $f(x+y)=f(x)f(y)$	(オ) $\sin x$
(6) $f\left(\dfrac{1}{x}\right)=\dfrac{1}{f(x)}$	(カ) $2x^4+3x^2$
(7) $\dfrac{f(x)+f(y)}{2}=f\left(\dfrac{x+y}{2}\right)$	(キ) $\log x$
(8) $f(x+1)=f(x)$	(ク) $\tan \pi x$

（早　大）

62. 任意の有理数 x, y に対して

$$f\left(\frac{x+y}{2}\right)=\frac{f(x)+f(y)}{2} \qquad ①$$

をみたす関数 $f(x)$ について，次の問に答えよ．

(1) x を与えられた有理数とするとき，すべての自然数 n に対して

$$f(nx)=nf(x)-(n-1)f(0)$$

が成り立つことを示せ．

(2) すべての自然数 n に対して

$$f(n)-f(n-1)=f(1)-f(0)$$

が成り立つことを示せ.

(3)　$a=f(1)-f(0)$, $b=f(0)$ とおくとき,　任意の正の有理数 $x=\dfrac{p}{q}$ （p, q は自然数である.）に対して

$$f\left(\frac{p}{q}\right) = a\frac{p}{q} + b$$

と表わされることを示せ.　　　　　　　　　　　（京都府大）

63. $f(x)$ が実関数のとき,　次の 2 つの関数方程式は同値であることを証明せよ.

$$f\left(\frac{x+y}{2}\right) = \frac{f(x)+f(y)}{2} \qquad \text{①}$$

$$f(x+y) = f(x) + f(y) - f(0) \qquad \text{②}$$

64. 任意の整数 n に対して,　絶対値 1 の複素数 $\varphi(n)$ を対応させる. このとき任意の n, m に対して,　関数式

$$\varphi(n+m) = \varphi(n)\varphi(m)$$

が成り立つとする.

(1)　$\varphi(0)$ を求めよ.

(2)　$\varphi(n)=1$ をみたす最小の正の整数を p とする. このとき $\varphi(1)$ の値を求めよ.

（京都産大）

65. 有理数全体の集合を $\boldsymbol{Q}$, 実数全体の集合を $\boldsymbol{R}$ とする. $f(x)$ が $\boldsymbol{Q}$ から $\boldsymbol{R}$ への関数であって,

次の条件 (i)〜(iv) をみたしている.

(i)　$f(x) \geqq 0$ 　　　(ii)　$f(x)=0 \rightleftarrows x=0$

(iii)　$f(xy) = f(x)f(y)$

(iv)　$f(x+y) \leqq \max\{f(x), f(y)\}$

このとき，次のことを証明せよ．

(1) $f(1)=1,\quad f(-1)=1$

(2) $f(-x)=f(x)$

(3) $x \neq 0$ のとき $f(x^{-1})=\dfrac{1}{f(x)}$

(4) $f(x) \neq f(y)$ ならば (iv) は等号が成り立つ．

66. $f(x)\ (x \neq 0)$ は実関数で，次の条件をみたしている．

(i) $f(xy)=f(x)f(y)$

(ii) $f(x) \neq 0$

(iii) $f(x)$ は連続関数である．

(iv) $f(x)$ は奇関数である．

このとき $f(x)$ を求めよ．

12. 共役方程式

▨ 見慣れない問題 ▨

学生には苦手な問題，というよりは見慣れない問題——複素数の係数をもった一次方程式が入試に現われた.

──── 例題 1 ────────────────────

α, β は複素数で，α の絶対値は 1 とする．このとき

$$z + \alpha\bar{z} + \beta = 0$$

を満足する複素数 z があるための必要十分条件は $\alpha\bar{\beta} = \beta$ であることを示せ.

ここに $\bar{z}, \bar{\beta}$ はそれぞれ z, β の共役複素数を表わす.

（京 大）

────────────────────────────

この方程式を学生が苦手なのは，1つの方程式の中に z とその共役数 $\bar{z}$ があるためであろう．くわしい解説はあとで試みることにして，一応解答を挙げ，話の糸口にしよう.必要十分条件の証明だから，必要条件の証明と，十分条件の証明にわけて考えるのが常識である.

必要条件の証明

$$z + \alpha\bar{z} + \beta = 0 \qquad\qquad ①$$

① が根をもつ，すなわち ① を成り立たせる z があったとすると $\alpha\bar{\beta} = \beta$ となることを導く.

① の両辺の共役複素数をとると

$$\overline{z + \alpha\bar{z} + \beta} = \bar{0}$$

共役複素数の性質によって

$$\bar{z} + \overline{\alpha\bar{z}} + \bar{\beta} = \bar{0} \qquad\qquad \bar{z} + \bar{\alpha}\bar{\bar{z}} + \bar{\beta} = \bar{0}$$

$\bar{\bar{z}} = z, \bar{0} = 0$ だから

行って帰るのが必要十分条件, 行きっぱなしは家出少年.

$$\overline{\alpha}z+\overline{z}+\overline{\beta}=0 \qquad\qquad ②$$

① − ② α
$$(1-\alpha\overline{\alpha})z+\beta-\alpha\overline{\beta}=0$$

仮定によって $|\alpha|=1$ だから $\alpha\overline{\alpha}=1$

$$\therefore\quad \beta=\alpha\overline{\beta}$$

十分条件の証明

$\beta=\alpha\overline{\beta}$ ならば ① は根をもつことを示せばよい.

1文字 α を消去することを考える.

$\beta\neq0$ のとき $\overline{\beta}\neq0$ だから $\alpha=\dfrac{\beta}{\overline{\beta}}$ これを ① に代入すると

$$z+\frac{\beta}{\overline{\beta}}\overline{z}+\beta=0 \qquad\qquad ③$$

$$\overline{\beta}z+\beta\overline{z}+\beta\overline{\beta}=0$$

かきかえると

$$\left(\bar{\beta}z+\frac{\beta\bar{\beta}}{2}\right)+\left(\beta\bar{z}+\frac{\beta\bar{\beta}}{2}\right)=0 \qquad\qquad ④$$

（　）の中の2式は互いに共役である．共役な2数の和が0ならば，2数は純虚数か0だから

$$\bar{\beta}z+\frac{\beta\bar{\beta}}{2}=ki \qquad (k\in\boldsymbol{R})$$

$$\therefore\quad z=\frac{k}{\bar{\beta}}i-\frac{\beta}{2}$$

これは③をみたし，したがって④を，さらに①をみたすから，①は解をもつ．

$\beta=0$ のとき①は

$$z+\alpha\bar{z}=0$$

これは $z=0$ を解にもつ．

以上によって，完全に証明された．

➡**注**　以下において，実数全体の集合は $\boldsymbol{R}$，複素数全体の集合は $\boldsymbol{C}$ で表わすことにする．

×　　　　　　　　×

この解には，学生の意表をついた手法が2つある．

その1つは，方程式①の両辺の共役複素数をとって，第2の方程式を導いた点．実数のときにはなかった手法である．

もう1つは，かきかえによって④を導いたところであろう．これも，本質は共役複素数の巧妙な利用が目的で，実数にはみられない手法である．

諸君には，手法どころか手品に見えるかもしれない．しかし，複素数の取扱いとしてはありふれた手段に過ぎない．

手品を手法に，奇妙なものを常識にかえる道は，複素数の体質を，実数

と比較しながら検討し，その異同をつきつめとめるにある.

▨ 複素数と実数の比較 ▨

　複素数と実数はどこが同じで，どこが異なるか.
ものを学ぶには，類似と異同をあきらかにすることがたいせつである.
いや，学ぶことの本質は，このひとことに尽きるともみられよう. とく
に現代数学は…… 似たものはひとまとめにして理論を展開するのがそ
の体質である. これによって，推論のロスが少なくなる. また知識の内
容は整理統合されるから， 記憶の労も節約されるのである.

　似ている点から話をはじめよう.

　四則演算でみる限り，実数と複素数とは全く同じである.

　実数は， 0で割ることを除けば，加減乗除が自由にできて， しかも，
加法，乗法については，ともに

　　　　交換法則， 結合法則， 分配法則

が成り立った.

　このことは複素数についても全く同じである.

　このことを数学では，ともに可換体をなすという.

　中学以来親しんで来た等式の性質は，可換体であることから導かれる
から，複素数についての等式も，実数の場合と変わらない.

　たとえば，実数の場合， 1元1次方程式

　　　　　　$ax+b=0$

の解は，次のように分けられた.

$$
\begin{cases}
a \neq 0 \text{ のとき } & 1\text{つの解をもつ } \left\{-\dfrac{b}{a}\right\} \\
a = 0 \text{ のとき } & \begin{cases} b \neq 0 \text{ ならば } & \phi \\ b = 0 \text{ ならば } & \Omega \end{cases}
\end{cases}
$$

学問のはじまり――どこが似ている，どこがちがう.

ここで，ϕ は空集合を表わす．Ω は全体集合で, 実数全体 **R** としてお
こう.

以上のことは，a, b, x を複素数 α, β, z にかえても全く同じ.

$$\alpha z + \beta = 0$$

$$\begin{cases} \alpha \neq 0 \ \text{のとき}\quad 1\text{つの解をもつ}\ \left\{-\dfrac{\beta}{\alpha}\right\} \\[2mm] \alpha = 0 \ \text{のとき}\ \begin{cases} \beta \neq 0 \ \text{ならば}\qquad \phi \\[1mm] \beta = 0 \ \text{ならば}\qquad \Omega \end{cases} \end{cases}$$

全体集合 Ω は，複素数全体の集合 **C** にかわるだけである.

このほかに，これから使うものとしては，連立方程式の同値関係が
ある.

$n \neq 0$ のとき

(1)　$\begin{cases} A=0 \\ B=0 \end{cases} \Longleftrightarrow \begin{cases} A=0 \\ mA+nB=0 \end{cases}$

これは，複素数の場合も変わらない．

さらに，$mn'-m'n \neq 0$ のとき

(2)　$\begin{cases} A=0 \\ B=0 \end{cases} \Longleftrightarrow \begin{cases} mA+nB=0 \\ m'A+n'B=0 \end{cases}$　　　①　②

これも，複素数でそのまま成り立つ．

　証明はいずれも簡単であるが，(2)はあとで使うから,念のため，証明しておく．

　$\Rightarrow$ はあきらかだから，$\Leftarrow$ を証明すれば十分であろう．

① $n'-$② n から　　　$(mn'-m'n)A=0$

② $m-$① m' から　　　$(mn'-m'n)B=0$

仮定によって　$mn'-m'n \neq 0$

$$\therefore \quad A=0, \quad B=0$$

$$\times \qquad\qquad\qquad \times$$

以上のほかに，似ている点として，絶対値がある．

　実数でも複素数でも絶対値は記号 $|\ \ |$ で表わし,複素数における絶対値の定義はそのまま実数にもあてはまる．

　$\alpha=a+bi$ のとき

$$|\alpha|=|a+bi|=\sqrt{a^2+b^2}$$

この式で $b=0$ とすると

$$|a|=\sqrt{a^2}$$

これは a が実数のとき正しい．

しかし，複素数のとき $|\alpha|=\sqrt{\alpha^2}$ は正しくない．次にふれるように，α が複素数のときは

$$|\alpha|=\sqrt{\overline{\alpha\alpha}}$$

共役複素数が姿をみせた．

×   ×

共役複素数こそは，実数と複素数を区別する決定的概念である．a が実数とすると $\bar{a}$ は a に等しいから，共役複素数は無用のもの．α が虚数であると，$\bar{\alpha}$ は α と異なり，極めて有用で，その存在を自己主張することになる．

$\alpha=a+bi$ に $\bar{\alpha}=a-bi$ を対応させると，$\boldsymbol{C}$ と $\boldsymbol{C}$ の 1 対 1 対応になる．これはガウス平面でみると，実軸についての対称移動である．

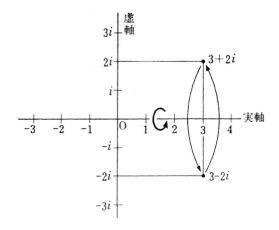

共役複素数と四則計算との関係は，常識と思うが，一応まとめてみる．

$$\overline{\overline{\alpha}}=\alpha$$

$$\overline{\alpha+\beta}=\bar{\alpha}+\bar{\beta}\qquad\overline{\alpha-\beta}=\bar{\alpha}-\bar{\beta}$$

$$\overline{\alpha\times\beta}=\bar{\alpha}\times\bar{\beta}\qquad\overline{\alpha\div\beta}=\bar{\alpha}\div\bar{\beta}$$

α に $\bar{\alpha}$ を対応させる写像を f で表わしてみると，その特徴が一層鮮明に目にうつるであろう．

君にはない.

$$f : \alpha \longrightarrow \bar{\alpha} \quad \text{すなわち} \quad f(\alpha) = \bar{\alpha}$$

$$ff(\alpha) = \alpha$$

$$f(\alpha + \beta) = f(\alpha) + f(\beta) \quad f(\alpha - \beta) = f(\alpha) - f(\beta)$$

$$f(\alpha \times \beta) = f(\alpha) \times f(\beta) \quad f(\alpha \div \beta) = f(\alpha) \div f(\beta)$$

$$\qquad\qquad \times \qquad\qquad\qquad\qquad \times$$

共役複素数を用いると，実部と虚部が簡単に表わされる.

すなわち $\alpha = a + bi$ とすると $\bar{\alpha} = a - bi$ だから，これを a, b について解いて

$$a = \frac{\alpha + \bar{\alpha}}{2} \qquad b = \frac{\alpha - \bar{\alpha}}{2i} = -\frac{\alpha - \bar{\alpha}}{2} i$$

この式から，α が実数の条件，純虚数の条件もたやすく導かれる.

$$\alpha - \bar{\alpha} = 0 \iff \alpha \text{ は実数} \qquad\qquad ③$$

$$\alpha + \bar{\alpha} = 0 \iff \alpha \text{ は純虚数または } 0 \qquad\qquad ④$$

$$\alpha + \bar{\alpha} = 0, \ \alpha \neq 0 \iff \alpha \text{ は純虚数}.$$

　複素数では ③ と ④ は重要である.

　たとえば $\alpha\bar{\beta}+\bar{\alpha}\beta$ は,その共役複素数を求めてみると $\bar{\alpha}\beta+\alpha\bar{\beta}$ となって変わらないから, α, β がどんな複素数であっても実数になる.

　また $\alpha\bar{\beta}-\bar{\alpha}\beta$ は, その共役複素数を求めると $\bar{\alpha}\beta-\alpha\bar{\beta}$ すなわち $-(\alpha\bar{\beta}-\bar{\alpha}\beta)$ となって符号がかわるだけだから, α, β がどんな複素数であっても,純虚数か 0 を表わす.

　不安な読者は, $\alpha=a+bi, \beta=c+di$ とおいて,計算してみるとよい.

$$\alpha\bar{\beta}+\bar{\alpha}\beta=2(ac-bd) \qquad \alpha\bar{\beta}-\bar{\alpha}\beta=2(ad+bc)i$$

この式をみれば, 安心するだろう.

　この 2 式は, 複素数に関する方程式で, しばしば姿をみせるから,ぜひ親しんで頂きたい.

×　　　　　　　　　　　×

　共役複素数は絶対値と密接に結びついている. $z=a+bi$ とすると

$$z\bar{z}=(a+bi)(a-bi)=a^2+b^2=|z|^2$$

であるから $|z|=\sqrt{z\bar{z}}$, これと, 先の複素数の性質を用いれば, 絶対値に関することは, すべて導かれる.

$$|\alpha\beta|=|\alpha||\beta| \qquad \left|\frac{\alpha}{\beta}\right|=\frac{|\alpha|}{|\beta|} \qquad\qquad ⑤$$

$$|\alpha+\beta|\leqq|\alpha|+|\beta| \qquad\qquad ⑥$$

　これらの証明は練習問題にまわす.

▨ 直線の方程式 ▨

　予備知識としてさらに, ガウス平面上の直線の方程式を追加するのが親切であろう.

　ガウス平面上で, 1 点 $P_1(z_1)$ を通り, 複素数 α の表わすベクトルに垂直な直線 g 上の任意の点を $P(z)$ とする.

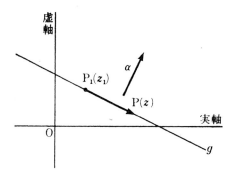

$$\overrightarrow{P_1P}=\overrightarrow{OP}-\overrightarrow{OP_1}=z-z_1$$

これはベクトル α に垂直だから，α に ti をかけると $z-z_1$ になるから $z-z_1=\alpha ti$

$$z=z_1+\alpha ti \qquad (t\in \boldsymbol{R}) \hspace{3cm} ①$$

これが直線 g の方程式のパラメーター表示である.

この式からパラメーター t を消去すれば，どんな方程式になるだろうか.

① の両辺の共役複素数をとると

$$\bar{z}=\bar{z_1}-\bar{\alpha}ti \hspace{3cm} ②$$

① $\bar{\alpha}$ + ② α から

$$\bar{\alpha}z+\alpha\bar{z}=\bar{\alpha}z_1+\alpha\bar{z_1} \hspace{3cm} ③$$

逆に，この方程式は

$$\bar{\alpha}(z-z_1)+\alpha(\bar{z}-\bar{z_1})=0$$

とかきかえられる. $\bar{\alpha}(z-z_1)$ と $\alpha(\bar{z}-\bar{z_1})$ とは共役複素数で，和は 0 に等しいから，$\bar{\alpha}(z-z_1)$ は純虚数か 0 であるから

$$\bar{\alpha}(z-z_1)=ki \qquad (k\in \boldsymbol{R})$$

とおくことができる. したがって $z=z_1+\dfrac{1}{\alpha}ki$，すなわち

$$z = z_1 + \alpha \frac{k}{|\alpha|^2} i$$

$\dfrac{k}{|\alpha|^2}$ は実数だから t とおくと $z = z_1 + \alpha t i$ となって ① に一致する.

したがって ③ は直線 g の方程式であることがあきらかにされた.

$$\times \qquad\qquad\qquad \times$$

③ の右辺は実数で, かつ, 定数だから, $-b$ で表わすと

$$\bar{\alpha}z + \alpha\bar{z} + b = 0 \qquad (\alpha \neq 0)$$

一般に, この形の方程式は, 直線を表わすだろうか. それをみるには, 上の式を

$$\left(\bar{\alpha}z + \frac{b}{2}\right) + \left(\alpha\bar{z} + \frac{b}{2}\right) = 0$$

と表わしてみるとよい.

（ ）の中の 2 式は互いに共役であるから, $\bar{\alpha}z + \dfrac{b}{2}$ は純虚数か 0 を表わす. そこで $\bar{\alpha}z + \dfrac{b}{2} = ti$ とおくと

$$z = -\frac{b}{2\bar{\alpha}} + \frac{1}{\bar{\alpha}} ti$$

これは, 点 $-\dfrac{b}{2\bar{\alpha}}$ を通り, ベクトル $\dfrac{1}{\bar{\alpha}}$ に垂直な直線を表わす.

以上で準備が終ったから, 複素数に関する一般の 1 次方程式の解に立ち戻ってみる.

■ 1 元 1 次方程式 ■

係数も解も複素数 C の範囲の方程式について, 一般的に考えてみる.

1 元方程式は

$$\alpha z + \beta = 0 \qquad\qquad\qquad ①$$

　この方程式は，複素数でみると1元であるが，実部と虚部を分離すると2元1次の連立方程式にかわる.

$$\alpha = a+bi, \quad \beta = p+qi, \quad z = x+yi$$

とおいてみよ.

$$(a+bi)(x+yi)+(p+qi)=0$$
$$(ax-by+p)+(bx+ay+q)i=0$$

　ここで実部と虚部を分けると

$$\begin{cases} ax-by+p=0 \\ bx+ay+q=0 \end{cases} \qquad ②$$

　この方程式は，x, y についての2元1次の連立方程式ではあるが，x, y の4つの係数の間に特殊の関係があるから，一般の2元1次の連立方程式ではない.

×　　　　　　　　　×

　では，一般の2元1次の連立方程式

$$\begin{cases} ax+by+p=0 \\ cx+dy+q=0 \end{cases} \qquad ③$$

を複素数で表わすと，どんな方程式になるだろうか.

　第2式に i をかけて，第1式に加えると

$$(a+ci)x+(b+di)y+p+qi=0$$

さらに $x+yi=z$ とおくと

$$x = \frac{z+\bar{z}}{2}, \qquad y = -\frac{z-\bar{z}}{2}i$$

であるから，これを上の方程式に代入して整理すると

$$\frac{(a+d)+(c-b)i}{2}z+\frac{(a-d)+(c+b)i}{2}\bar{z}$$
$$+p+qi=0$$

すなわち

$$\alpha z + \beta \bar{z} + \gamma = 0$$

z のほかに $\bar{z}$ を含む方程式がえられた.

逆に ④ の形の方程式が ③ の形の方程式になることを示すのはたやすい. したがって, ④ の形の方程式は, 実数では 2 元 1 次連立方程式の一般形を表わす.

さて, それでは, ④ の形と ① の形の方程式の関係はどうか.

④ で $\beta = 0$ とおけば ① の形になる. しかしこのことから, ① の形の式が ② の形にならないという保証は得られない. ① を β が 0 でない ④ の形にかえられるかもしれないからである.

$$\alpha z + \beta = 0 \qquad\qquad ⑤$$

この両辺の共役複素数をとると

$$\bar{\alpha}\bar{z} + \bar{\beta} = 0 \qquad\qquad ⑤'$$

⑤ γ + ⑤$'$ δ を作ると

$$\alpha\gamma z + \bar{\alpha}\delta\bar{z} + \beta\gamma + \bar{\beta}\delta = 0$$

これは ④ と同じ型の方程式である.

$$\alpha z + \beta = 0 \qquad\qquad ⑤$$
$$\alpha z + \beta \bar{z} + \gamma = 0 \qquad\qquad ④$$

⑤ の型の方程式は ④ の型の方程式に含まれる.

逆に ④ の型の方程式のうち, どんな特殊なものが ⑤ の型に変形できるかが問題になるわけだが, これは見かけほどやさしくはない.

▨ $\alpha z + \beta \bar{z} + \gamma = 0$ の解 ▨

z についての 1 次方程式

$$\alpha z + \beta \bar{z} + \gamma = 0 \qquad\qquad ①$$

は見かけは簡単であるが，これを完全に解くことはそうやさしくない．

① は実数のときの一般の 2 元 1 次連立方程式と同値であるから，いろいろの場合の起きることが予想される．

① の両辺の共役複素数をとると

$$\bar{\beta} z + \bar{\alpha} \bar{z} + \bar{\gamma} = 0 \qquad\qquad ②$$

② を ① の **共役方程式** という．もちろん，① は② の共役方程式でもあるから，① と② は互いに共役な方程式ということもできる．

①，② から $\bar{z}$ を消去するため ①$\bar{\alpha}$−②β を作ると

$$(\alpha\bar{\alpha} - \beta\bar{\beta})z + \bar{\alpha}\gamma - \beta\bar{\gamma} = 0 \qquad\qquad ③$$

(i)　$\alpha\bar{\alpha} - \beta\bar{\beta} \neq 0$ のとき

$$z = \frac{\beta\bar{\gamma} - \bar{\alpha}\gamma}{\alpha\bar{\alpha} - \beta\bar{\beta}}$$

これが ① をみたすかどうかは，代入してみないことにはあきらかでない．その計算は読者におまかせしよう．① をみたすのである．したがって上の値は ① の解で，これ以外に解をもたないことがわかった．

(ii)　$\alpha\bar{\alpha} - \beta\bar{\beta} = 0$, $\bar{\alpha}\gamma - \beta\bar{\gamma} \neq 0$ のとき

このとき③ は不成立．

①⇒③ でかつ③ が不成立なら ① もまた不成立だから ① は解をも

(iii)　$\alpha\bar{\alpha} - \beta\bar{\beta} = 0$, $\bar{\alpha}\gamma - \beta\bar{\gamma} = 0$ のとき

イ．$\gamma \neq 0$ のとき　第 2 式から

$$\beta = \frac{\bar{\alpha}\gamma}{\bar{\gamma}} \qquad\qquad ④$$

④ は $\alpha\bar{\alpha} - \beta\bar{\beta} = 0$ をみたすから，④ を用いれば十分である．

方程式をこの機械で処理せよ.

④ をもとの方程式 ① に代入すると

$$\alpha\bar{\gamma}z + \bar{\alpha}\gamma\bar{z} + \gamma\bar{\gamma} = 0 \tag{5}$$

$$\left(\alpha\bar{\gamma}z + \frac{\gamma\bar{\gamma}}{2}\right) + \left(\bar{\alpha}\gamma\bar{z} + \frac{\gamma\bar{\gamma}}{2}\right) = 0$$

( )の中は互いに共役であるから $\alpha\bar{\gamma}z + \frac{\gamma\bar{\gamma}}{2} = ti$ とおける. よって $\alpha \neq 0$ ならば

$$z = -\frac{\gamma}{2\alpha} + \frac{t}{\bar{\alpha\gamma}}i \qquad (t \in \boldsymbol{R})$$

これが解で，ガウス平面上では，1つの直線上の点を表わす.

もし $\alpha = 0$ ならば⑤は $\gamma = 0$ となるが $\gamma \neq 0$ だから，⑤すなわち① は解をもたない.

ロ． $\gamma = 0$ のとき

$\bar{\alpha}\gamma - \beta\bar{\gamma} = 0$ は成り立ち，条件としては $\alpha\bar{\alpha} - \beta\bar{\beta} = 0$ のみが残る. こ

の式から

$$\alpha(\bar{\alpha}+\beta)-\beta(\alpha+\bar{\beta})=0$$

$\bar{\alpha}+\beta \neq 0$ ならば

$$\frac{\alpha}{\alpha+\bar{\beta}}=\frac{\beta}{\bar{\alpha}+\beta}$$

したがって，もとの方程式は

$$(\alpha+\bar{\beta})z+(\bar{\alpha}+\beta)\bar{z}=0 \qquad\qquad ⑥$$

と同値．$(\alpha+\bar{\beta})z$ は純虚数か 0 だから $(\alpha+\bar{\beta})z=ti$ と表わされ，解は

$$z=\frac{ti}{\alpha+\bar{\beta}} \qquad (t\in\boldsymbol{R})$$

ガウス平面上では，原点を通る直線を表わす.

$\bar{\alpha}+\beta=0$ のときは，もとの方程式 ① は

$$\alpha z-\bar{\alpha}\bar{z}=0 \qquad \therefore \quad \alpha iz+\overline{\alpha iz}=0 \qquad\qquad ⑦$$

$\alpha=0$ ならば，解は任意の複素数.

$\alpha \neq 0$ のときは αiz は純虚数か 0 だから実数 t を用いて $\alpha iz=it$ と表わされ，解は

$$z=\frac{t}{\alpha} \qquad (t\in\boldsymbol{R})$$

ガウス平面上でみると，原点を通る直線である.

以上の結果をまとめてみる.

$$\alpha\bar{\alpha} \neq \beta\bar{\beta} \quad\cdots\cdots\cdots\cdots\cdots\cdots\cdots\cdots\cdots\cdots\cdots\cdots 1 点$$

$$\alpha\bar{\alpha}=\beta\bar{\beta}\begin{cases}\bar{\alpha}\gamma \neq \beta\bar{\gamma} \quad\cdots\cdots\cdots\cdots\cdots\cdots\cdots\cdots\cdots\phi \\ \bar{\alpha}\gamma=\beta\bar{\gamma}\begin{cases}\alpha \neq 0\cdots\cdots\cdots\cdots\cdots 直線 \\ \alpha=0\begin{cases}\gamma \neq 0\cdots\cdots\cdots\phi \\ \gamma=0\cdots 全平面\end{cases}\end{cases}\end{cases}$$

これらのうち，① は ⑤, ⑥ または ⑦ の形だから方程式はつねに

$$\bar{\alpha}z+\alpha\bar{z}+c=0$$
$$(\alpha\neq0,\ c\in\boldsymbol{R})$$

の形に表わされることもわかった.

この方程式の実部と虚部を分解するため $\alpha=a+bi,\ z=x+yi$ とおいてみると

$$2ax+2by+c=0 \qquad (a,b)\neq(0,0)$$

となる.

なお, 直線になる場合を除いた場合, すなわち $\alpha\bar{\alpha}\neq\beta\bar{\beta}$ or $\bar{\alpha}r\neq\beta\bar{r}$ or $\alpha=0$ のときは ① は $Az+B=0$ の形に直すことができる.

▨ 連立方程式 ▨

以上から, x,y についての連立方程式

$$(1)\quad\begin{cases}ax+by+p=0 & (a,b)\neq(0,0)\\ cx+dy+q=0 & (c,d)\neq(0,0)\end{cases}$$

は, 複素数によって

$$(2)\quad\begin{cases}\bar{\alpha}z+\alpha\bar{z}+b=0 & (\alpha\neq0) & ①\\ \bar{\beta}z+\beta\bar{z}+c=0 & (\beta\neq0) & ②\end{cases}$$

と表わすこともできる.

(1)を解くことは(2)を解くことと同じである.では, (2)を解くにはどうすればよいか.

z を求めるには, $\bar{z}$ を消去した方程式を導けばよさそうである.

①β－②α から

$$(\bar{\alpha}\beta-\alpha\bar{\beta})z+b\beta-c\alpha=0 \qquad ③$$

$\bar{\alpha}\beta-\alpha\bar{\beta}\neq0$ のとき $\qquad z=\dfrac{c\alpha-b\beta}{\alpha\beta-\alpha\bar{\beta}}$

これを ①, ② に代入してみると, ともに満たしているから, (2) の解である.

$\bar{\alpha}\beta - \alpha\bar{\beta} = 0,\ b\beta - c\alpha \neq 0$ のとき

③ は解がないから (2) にも解がない.

$\bar{\alpha}\beta - \alpha\bar{\beta} = 0,\ b\beta - c\alpha = 0$ のとき

かきかえると

$$\bar{\alpha} : \alpha : b = \bar{\beta} : \beta : c$$

このとき 2 つの方程式 ① と ② は同値になるから, 連立方程式 (2) は 1 つの方程式 ① と同値.

したがって解は

$$\{z \mid \alpha\bar{z} + \bar{\alpha}z + b = 0\}$$

以上の解を, 点集合とみてまとめると

$$\bar{\alpha}\beta - \alpha\bar{\beta} \neq 0 \quad \cdots\cdots\cdots\cdots\cdots\cdots\cdots 1\,点$$

$$\bar{\alpha}\beta - \alpha\bar{\beta} = 0 \begin{cases} b\beta - c\alpha \neq 0 \quad \cdots\cdots\cdots\cdots \phi \\ b\beta - c\alpha = 0 \quad \cdots\cdots 1\,直線 \end{cases}$$

2 直線の関係としてみれば, 上から順に交わる場合, 平行の場合, 重なる場合がそれぞれ対応する.

▨ オイラー線への応用 ▨

われわれは, いままでに, 複素数に関する方程式では, 共役方程式の利用が決定的に重要であることを見て来た.

その応用の一端として, 三角形の外心, 重心, 垂線の関係をガウス平面を利用して求めてみる.

三角形 ABC の頂点 A, B, C の座標をそれぞれ α, β, γ とすると, 重心 G の座標 g が

$$g = \frac{\alpha + \beta + \gamma}{3}$$

で表わされることは，ご存じであろう．

　しかし，外心, 垂心 の座標は簡単でない．これを簡単に表わすには，外心Oを原点にとり，外接円の半径を単位1にとればよい．

　このように座標を定めると，α, β, γ の絶対値は1に等しいから

$$\bar{\alpha}=\frac{1}{\alpha},\quad \bar{\beta}=\frac{1}{\beta},\quad \bar{\gamma}=\frac{1}{\gamma} \tag{①}$$

となり，$\bar{\alpha}, \bar{\beta}, \bar{\gamma}$ は α, β, γ で表わされ都合がよい．

　このとき，垂心Hの座標を求めてみる．

　Aから BC にひいた垂線 AD 上の任意の点を P(z) とすると，$\overrightarrow{AP}=z-\alpha$ と $\overrightarrow{BC}=\beta-\gamma$ は垂直だから

$$\frac{z-\alpha}{\gamma-\beta}$$

は純虚数か0である．したがって

$$\frac{z-\alpha}{\gamma-\beta}+\frac{\bar{z}-\bar{\alpha}}{\bar{\gamma}-\bar{\beta}}=0$$

これに ① を代入して簡単にすると

$$\alpha z-\alpha\beta\gamma\bar{z}=\alpha^2-\beta\gamma \tag{②}$$

　これが垂線 AD の方程式である．

　同様にして，垂線 BE の方程式は

$$\beta z-\alpha\beta\gamma\bar{z}=\beta^2-\alpha\gamma \tag{③}$$

　垂心Hの座標を求めるには ②, ③ を連立方程式として解けばよい．それには ②, ③ から $\bar{z}$ を消去すればよかった．

　②−③ を作り，両辺を $\alpha-\beta$ で割って

$$z=\alpha+\beta+\gamma$$

　よって垂心Hの座標を h とすると

$$h=\alpha+\beta+\gamma$$

以上から

$$h = 3g$$

すなわち

$$\overrightarrow{OH} = 3\overrightarrow{OG}$$

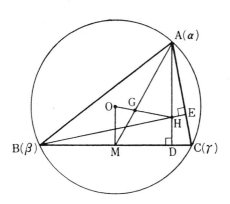

これによって，重心Gは，外心Oと垂心Hとを結ぶ線分上にあって，かつ $1 : 2$ に分けることがわかる．

この定理から，△ABC が正三角形でない限り，1つの直線 OGH の定まることがわかる．この直線を三角形の **オイラー線**という．

▓ 九点円への応用 ▓

三角形 ABC において, 次の9つの点は1つの円周上にある．この円が9点円である．

3辺の中点

L, M, N

頂点から対辺にひいた垂線と辺の交点

Euler

（スイス　1707～1783）

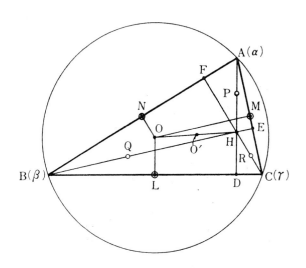

D, E, F

頂点と垂心とを結ぶ線分の中点

P, Q, R

上の定理を, ガウス平面を用いて証明してみる. 原点を外心Oにとり, 外接円の半径は1とする.

頂点 A(α) と垂心 H($\alpha+\beta+\gamma$) の中点Pの座標は

$$z=\frac{\alpha+\beta+\gamma}{2}+\frac{\alpha}{2}$$

次に辺 BC の中点 L の座標は $\dfrac{\beta+\gamma}{2}$ で, かきかえると

$$z=\frac{\alpha+\beta+\gamma}{2}-\frac{\alpha}{2}$$

次にAから辺 BC にひいた垂線と BC との交点 Dの座標を求めてみる.

垂線 AD の方程式は, 前に求めた

$$\alpha z-\alpha\beta\gamma\bar{z}=\alpha^2-\beta\gamma \tag{①}$$

を用いればよい.

辺 BC の方程式を求めるため,この上の任意の点を z とすると $\dfrac{z-\beta}{\gamma-\beta}$ は実数であるから

$$\frac{z-\beta}{\gamma-\beta}-\frac{\bar{z}-\bar{\beta}}{\bar{\gamma}-\bar{\beta}}=0$$

これに $\bar{\beta}=\dfrac{1}{\beta}$, $\bar{\gamma}=\dfrac{1}{\gamma}$ を代入してから簡単にすれば

$$z+\beta\gamma\bar{z}=\beta+\gamma \tag{②}$$

D の座標を求めるには, ① と ② を連立させて 解けばよい. それには ①, ② から $\bar{z}$ を消去すればよい.

①+② α から $\qquad 2\alpha z=\alpha^2-\beta\gamma+\alpha\beta+\alpha\gamma$

$$\therefore\quad z=\frac{\alpha+\beta+\gamma}{2}-\frac{\beta\gamma}{2\alpha}$$

以上で知った, P, L, D の座標をみれば,これらの点は点 $O'\left(\dfrac{\alpha+\beta+\gamma}{2}\right)$ を中心とする, 半径 $\dfrac{1}{2}$ の円上にあることに気づくはず.

$|\alpha|=|\beta|=|\gamma|=1$ であったから, 点 P の場合は

$$\left|z-\frac{\alpha+\beta+\gamma}{2}\right|=\left|\frac{\alpha}{2}\right|=\frac{|\alpha|}{2}=\frac{1}{2}$$

点 L の場合は

$$\left|z-\frac{\alpha+\beta+\gamma}{2}\right|=\left|-\frac{\alpha}{2}\right|=\frac{|\alpha|}{2}=\frac{1}{2}$$

点 D の場合は

$$\left|z-\frac{\alpha+\beta+\gamma}{2}\right|=\left|-\frac{\beta\gamma}{2\alpha}\right|=\frac{|\beta||\gamma|}{2|\alpha|}=\frac{1}{2}$$

よって, P, L, D は円

$$\left|z-\frac{\alpha+\beta+\gamma}{2}\right|=\frac{1}{2} \tag{③}$$

の上にある．

　全く同様にして，Q, M, E；R, N, F もこの円の上にあるから，③は 9
点円の方程式である．この円の中心は，外心と垂線を結ぶ線分の中点
で，半径は △ABC の外接円の半径の半分である．

　方程式 ③ は，絶対値 1 の複素数 t をパラメーターに用い

$$z = \frac{\alpha + \beta + \gamma}{2} + \frac{t}{2} \qquad (|t| = 1)$$

と表わしてもよい．

　t の値が $\alpha, -\alpha, -\dfrac{\beta\gamma}{\alpha}$ のときの z は，それぞれ点 P, L, D の座標であ
る．

▨ ある入試問題への応用 ▨

────── 例題 1 ──────────────────────────────

　0 でない相異なる複素数 $\alpha, \beta, \gamma, \delta$ が絶対値が相等しく，かつ和が
0 ならば，複素平面上で $\alpha, \beta, \gamma, \delta$ は 1 つの長方形の頂点であること
を証明せよ．　　　　　　　　　　　　　　　　　　　　　　（岐阜大）

──

　$\alpha, \beta, \gamma, \delta$ の表わす点をそれぞれ A, B, C, D としよう．

　参考書などをみると，円に関する初等幾何の知識を用いるなど，特殊
なくふうをこらしたものが多い．

　仮定を

$$\frac{\alpha + \beta}{2} = -\frac{\gamma + \delta}{2}$$

とかきかえて，この内容を幾何学的に読みとるのが，その一例である．

　$\alpha + \beta \neq 0$ のときは，$\gamma + \delta = 0$ だから

$$\alpha = -\beta, \qquad \gamma = -\delta$$

これを愛用しよう.

　AとB，CとDは原点Oについて対称であることから,4角形 ACBD は長方形になることがわかる.

　$\alpha+\beta=0$ のときは，AB の中点Mと CD の中点 Nは原点Oに関して対称になるから

$$OM=ON$$

AB, CD は円の弦であることから

$$AB\perp OM,\quad CD\perp ON$$

したがって AB ∥ CD, AB = CD となり，4角形 ABCD または ADBC は長方形であることがわかる.

　共役方程式を用いれば，このような特殊な技巧 を必要としない. 式の計算のみで，すんなりと結論が導かれて楽しい.

　$|\alpha|=|\beta|=|\gamma|=|\delta|=1$ とみても一般性を失わない. 仮定は，次の2つ.

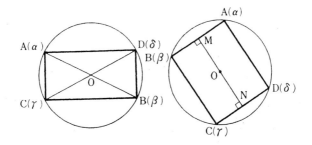

$$\bar{\alpha}=\frac{1}{\alpha}, \quad \bar{\beta}=\frac{1}{\beta}, \quad \bar{\gamma}=\frac{1}{\gamma}, \quad \bar{\delta}=\frac{1}{\delta} \qquad ①$$

$$\alpha+\beta+\gamma+\delta=0 \qquad ②$$

② の共役方程式を作ると

$$\bar{\alpha}+\bar{\beta}+\bar{\gamma}+\bar{\delta}=0$$

これに ① を代入し，分母を払うと

$$\beta\gamma\delta+\alpha\gamma\delta+\alpha\beta\delta+\alpha\beta\gamma=0 \qquad ③$$

② と ③ から δ を消去すると

$$(\beta\gamma+\alpha\gamma+\alpha\beta)(\alpha+\beta+\gamma)-\alpha\beta\gamma=0$$

左辺を因数分解して

$$(\alpha+\beta)(\alpha+\gamma)(\beta+\gamma)=0$$

$$\alpha+\beta=0 \quad \text{or} \quad \alpha+\gamma=0 \quad \text{or} \quad \beta+\gamma=0$$

$\alpha+\beta=0$ のとき ② から $\gamma+\delta=0$, このとき 4 角形 ACBD は長方形である.

他の場合も同様にして，4 角形 ABCD, ABDC が長方形になる.

⊛ 練 習 問 題 (12) ⊛

67. a, b, c, d が実数のとき, 次のことを証明せよ.

(1)　$f(z)=az^2+bz+c$　ならば

　　　$\overline{f(z)}=f(\bar{z})$

(2)　$g(z)=\dfrac{az+b}{cz+d}$　ならば　$\overline{g(z)}=g(\bar{z})$

68.　α,β が複素数のとき，次のことを証明せよ.

(1)　$|\alpha\beta|=|\alpha||\beta|$　　$\left|\dfrac{\alpha}{\beta}\right|=\dfrac{|\alpha|}{|\beta|}$

(2)　$|\alpha+\beta|\leqq|\alpha|+|\beta|$

69.　ガウス平面上で，点 A(α) を通り，OA に垂直な直線 g の方程式を求めよ. ただし $\alpha\neq0$.

70.　2点 A(α), B(β) を通る直線について，点 C(γ) と対称な点 P の座標を求めよ.

71.　ある雑誌に，方程式

　　　$z+\alpha\bar{z}=0$　　　$(|\alpha|\neq1)$　　　　　　①

をみたす z の値を求めるのに，次のようにかいてあった. この推論は正しいか.

① から　　$\bar{z}+\bar{\alpha}z=0$　　　　　　②

2式の差をとって

①－②　　$(1-\bar{\alpha})z-(1-\alpha)\bar{z}=0$　　　　　　③

$(1-\bar{\alpha})z$ は実数であるから　$(1-\bar{\alpha})z=k$

　　$\therefore\ z=\dfrac{k}{1-\bar{\alpha}}=\dfrac{(1-\alpha)k}{(1-\bar{\alpha})(1-\alpha)}=(1-\alpha)h$　　　　④

　　　　（ただし，h は任意の実数）

72.　複素平面上で3つの複素数 $0,\alpha,\beta$ を表わす点を O, A, B とする. いま $\alpha=a+bi,\ \beta=c+di$(a,b,c,d は実数，$i=\sqrt{-1}$) とするとき，次の問に答えよ.

(1)　ベクトル $\overrightarrow{OA}$ とベクトル $\overrightarrow{OB}$ とが直交する条件を a, b, c, d で
表わせ．　　　　　　　　　　　　　　　　　　　　（証明不要）

(2)　(1) の条件を $\alpha, \beta, \bar{\alpha}, \bar{\beta}$ で表わせ．

(3)　O を中心とする半径 1 の円の周上に $\alpha, \beta, \gamma, \delta$ の順にある 4 つ
の複素数によってできる 4 辺形の対角線が直交する条件は　$\alpha\gamma +$
$\beta\delta = 0$ であることを証明せよ．

(4)　正 n 角形の頂点を表わす複素数を $1, z, z^2, \cdots, z^{n-1}$ $(z^n = 1)$ とす
るとき，n が奇数ならば 2 つの対角線は直交することがありえな
いことを証明せよ．　　　　　　　　　　　　　　　（弘前大）

73. 定円 O 上の 4 点 A, B, C, D のうちの 3 点をとってできる 4 つの三
角形のおのおのに対して，各辺の中点を通る円を考える．これらの 4
つの円は 1 点で交わることを示せ．　　　　　　　（類題　神戸大）

74. 複素平面上の相異なる 3 点 α, β, γ が 1 直線上にあるとき

$$\bar{\alpha}(\beta - \gamma) + \bar{\beta}(\gamma - \alpha) + \bar{\gamma}(\alpha - \beta) = 0$$

が成り立つことを証明せよ．ただし，$\bar{\alpha}, \bar{\beta}, \bar{\gamma}$ はそれぞれ α, β, γ の
共役複素数である．　　　　　　　　　　　　　　（中京大）

13. アポロニュースの円とガウス平面

▨ アポロニュースの円 ▨

初等幾何の軌跡には，数学的にみても，応用上からみても価値の低いものが多いが，基本的なものは，そうでもない．アポロニュースの円はその一例であろう．

アポロニュース (260 ?-200 ? B.C.) はアルキメデスより半世紀ほどのちにアレキサンドリヤで活躍した数学者である．

アポロニュースと聞けば，円錐曲線を思い出す．それほどに円錐の切口が 楕円・双曲線・放物線 のいずれかに なるというかれの業績は有名である．初等幾何では，軌跡としてのアポロニュースの円がよく知られている．

2点 A, B からの距離の比 $m : n$ $(m \neq n)$ が一定なる点Pの軌跡は，円である．

これが彼の有名な定理で，この円を彼の名を尊重し，アポロニュースの円と呼ぶのである．

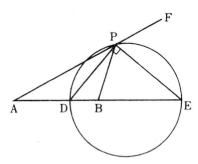

問題の内容からみて，軌跡は，直線 AB について対称であるし，線分 AB を $m : n$ に内分，外分する点 D, E が軌跡に属することも自明だから，軌跡が1つの円であるとすれば，D, E を直径の両端とする円

であることは，容易に推測できる．

　さて，証明はどうか．

　この定理のふるさとは，初等幾何であるから，初等幾何の証明から話をはじめるのが順序であろう．

　たいていの本に載せてある証明は，Pが線分 DE を直径とする円周上にあることを示すものである．

　条件に適する点をPとする．

　線分 AB を $m:n$ に内分，外分する点をそれぞれ D, E とすると，定理によって，線分 DP は ∠APB を二等分し，線分 EP は ∠APB の外角を二等分する．したがって

$$∠DPE = 90°$$

　これでPは線分 DE を直径とする円周上にあることが あきらかになった．

　逆の証明はちょっと考えにくく，逆証のむずかしい例として，古くから有名であった．

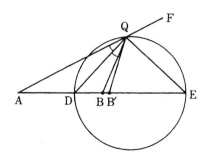

　いろいろあるが，予備知識の少ないものを選んでみる．

　線分 DE を直径とする円周上の点をQとする．

　Qと D, E を結べば

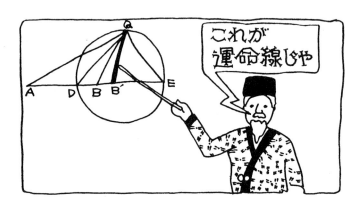

補助線が運命をきめる.

$$\angle DQE = 90°$$ ①

である. 線分 DE 上に点 B′ をとって

$$\angle AQD = \angle DQB'$$ ②

となるようにすれば, ① によって,

$$\angle B'QE = \angle EQF$$ ③

② と ③ から

$$\frac{AD}{DB'} = \frac{AQ}{B'Q} = \frac{AE}{EB'}$$

一方仮定によって

$$\frac{AD}{DB} = \frac{AE}{EB}$$

である. そこで上の2式から

$$\frac{DB'}{B'E} = \frac{DB}{BE}$$

線分 DE を同じ比に内分する点は１つしかないから B と B′ は一致する．したがって

$$\frac{AQ}{BQ} = \frac{AD}{DB} = \frac{m}{n}$$

これで，Q は条件をみたすことがわかり，証明は終った．

×　　　　　　　　　　×

軌跡が円になるという予想なら，中心を求め,そこから動点までの距離が一定であることを示すのが基本的であるのに，この証明をのせた本は意外と少ない．

中心を初等幾何の方法でみつけるのが，手品的で，簡単には気付かないためであろう．

幾何の補助線は「コロンブスの卵」に似て，わかってしまえば平凡だが，着想は困難である．

アポロニュースの円の中心は，一次変換の性質を幾何学的にみるときの手助けになる．

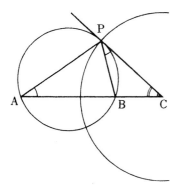

条件に適する点を P とする．

かれはどのようにして卵を立てたか.

$\triangle$PAB の外接円を作り，P における接線をひくと，線分 AB の延長上で交わるから，その点を C とする.

$m>n$ と仮定しておけば，C は AB の B の方の延長上にある.

CP は接線だから　　　$\angle$BPC$=\angle$PAC

$\triangle$PAC と $\triangle$BPC とは，このほかに $\angle C$ を共有するから相似である.

したがって，その面積の比は

$$\frac{\triangle\text{PAC}}{\triangle\text{BPC}}=\frac{\text{PA}^2}{\text{PB}^2}=\frac{m^2}{n^2}$$

また，P を頂点とみると，$\triangle$PAC, $\triangle$BPC は高さが等しいから

$$\frac{\triangle\text{PAC}}{\triangle\text{BPC}}=\frac{\text{AC}}{\text{BC}}$$

上の2式から　　　$\dfrac{AC}{BC}=\dfrac{m^2}{n^2}$

この式は，点Cは線分 AB を一定比　$m^2:n^2$ に分けることを示しており，Cは定点であることがわかる．

さらに，方べきの定理によって

$$CP^2=CA\cdot CB$$

CA, CB は一定だから　$CA\cdot CB=k^2\ (k>0)$ とおくと，k も一定である．

以上によって，Pは定点Cを中心とする半径 k の円上にあることがわかった．

次に逆を証明する．

中心C，半径 k の円上の1点をQとする．

CとQを結ぶと $CQ^2=k^2=CA\cdot CB$ ，よって，3点 A, B, Q を通る円は CQ に Q で接するから

$$\angle BQC=\angle QAC\quad \therefore\quad \triangle QAC\backsim\triangle BQC$$

$$\therefore\quad \dfrac{QA^2}{QB^2}=\dfrac{AC}{BC}=\dfrac{m^2}{n^2}\quad \therefore\quad \dfrac{QA}{QB}=\dfrac{m}{n}.$$

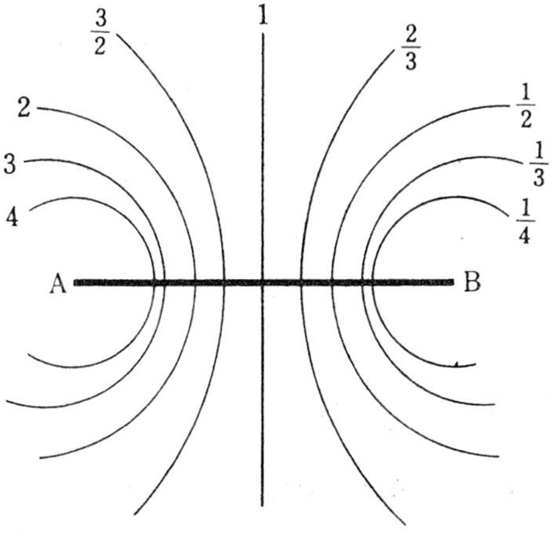

Qは条件をみたし，逆の成り立つこともあきらかになった．

比の値の変化にともなって，アポロニュースの円がどのように変わるかは，概要をつかんでおくのが望ましい．

$m=n$ のときは特殊で，軌跡は線分 AB の垂直二等分線である．

$m \neq n$ のとき

$\dfrac{n}{m}(=t)$ の値と円との関係は，前の図によれば一目瞭然であろう．

▓ 位置ベクトルによる証明 ▓

初等幾何的取扱いはこれぐらいにして，座標の応用へ移る．

ありふれた座標としては，

　　デカルト座標，位置ベクトル

　　極座標，ガウス平面

などがある．

先の軌跡を求めるのに都合のよいのは位置ベクトルである．デカルト座標は初歩的であるが，次元が高まるにつれて，式が複雑になり，能率的でない．位置ベクトルの考えは，デカルト座標を総括したもので，次元に関係なく統一的に表現される点に特徴がある．とくにアポロニュースの円では，ベクトルの内積の長所が巧妙に生かされるので興味深い．デカルト座標と併列させて学べば，実感を一層強めるであろう．

原点は任意に選び，A, B, P の座標をそれぞれ $\boldsymbol{a}, \boldsymbol{b}, \boldsymbol{x}$ とすると

$$AP^2 = (\boldsymbol{x}-\boldsymbol{a})^2 \qquad BP^2 = (\boldsymbol{x}-\boldsymbol{b})^2$$

と表わされるから

$$\frac{m^2}{n^2} = \frac{AP^2}{BP^2} = \frac{(\boldsymbol{x}-\boldsymbol{a})^2}{(\boldsymbol{x}-\boldsymbol{b})^2}$$

$$\therefore \quad m^2(\boldsymbol{x}-\boldsymbol{b})^2 - n^2(\boldsymbol{x}-\boldsymbol{a})^2 = 0 \qquad \text{①}$$

登ったら降ることも考えよ.

これから先の変形は 2 通りになる.

左辺を因数分解し, 整理すると

$$\left(x-\frac{mb+na}{m+n}\right)\left(x-\frac{mb-na}{m-n}\right)=0$$

$\dfrac{mb+na}{m+n}=d,\ \dfrac{mb-na}{m-n}=e$ とおくと, 点 D(d), E(e) は線分 AB を

$m:n$ にそれぞれ内分, 外分する点になる. 上の式は

$$(x-d)(x-e)=0$$

で, これは, ベクトル $\overrightarrow{\mathrm{DP}}$ と $\overrightarrow{\mathrm{EP}}$ とが直交することを表わす.

　これによって, P は線分 CD を直径とする円上にあることが, スト
レートに導かれた.

　逆が成り立つことは, 上の計算が**可逆的**であることから明白である.

　　　　　　　×　　　　　　　　　　　　　×

① の第2の変形は，中心と半径を求める方向へ進めるもので， 因数分解の逆コース，すなわち展開を試みる.

$$x^2 - 2\cdot\frac{m^2\boldsymbol{b}-n^2\boldsymbol{a}}{m^2-n^2}\boldsymbol{x} + \frac{m^2\boldsymbol{b}^2-n^2\boldsymbol{a}^2}{m^2-n^2} = 0$$

さらにかきかえると

$$\left|\boldsymbol{x} - \frac{m^2\boldsymbol{b}-n^2\boldsymbol{a}}{m^2-n^2}\right| = \frac{mn|\boldsymbol{b}-\boldsymbol{a}|}{|m^2-n^2|}$$

これで， 中心も半径もわかり， 初等幾何学的証明の第2の方法と結びつく.

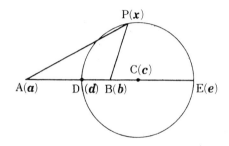

中心 C の座標 $\boldsymbol{c}$, 半径を r とおくと

$$\boldsymbol{c} = \frac{m^2\boldsymbol{b}-n^2\boldsymbol{a}}{m^2-n^2}, \qquad r = \frac{mn|\boldsymbol{b}-\boldsymbol{a}|}{|m^2-n^2|}$$

アポロニュースの円は

$$|\boldsymbol{x}-\boldsymbol{c}| = r$$

① の式から，中心Cは線分 AB を $m^2:n^2$ に外分する点であることも読みとれよう.

×   ×

ガウス平面を用いても証明できるが，ベクトルほど鮮かではない.

それにガウス平面は次元の制約があり，3 次元には向かない. この点

ベクトルは自由で，以上の式は，3次元ベクトルとみることもでき，このとき軌跡は球になる．

　ガウス平面は，アポロニュースの円を利用する場合には，ベクトルにはみられない偉力を示す．これについては，あとで触れることにし，その予備知識として，　ガウス平面上の直線と円の方程式の基本的形をあきらかにしよう．

▨ ガウス平面上の直線と円 ▨

　1点 $P_1(z_1)$ を通り，　ベクトル α に平行な直線 g の方程式を求めてみる．

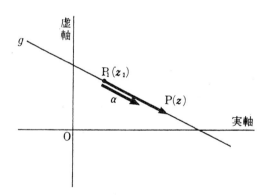

　直線上の任意の点を $P(z)$ とすると
$$\overrightarrow{P_1P} = z - z_1$$
は α に平行であるから
$$z - z_1 = \alpha t \qquad (t \in \boldsymbol{R})$$
t として 0 も許せば，　P が P_1 に一致した場合も含まれる．
　かきかえて
$$z = z_1 + \alpha t \qquad (t \in \boldsymbol{R}) \tag{①}$$

何を固定するかで大きなちがい.

→**注**　ここで **R** は実数全体の集合を表わす.　以後この約束に従う.

① は直線の方程式の媒介変数型で，t は実変数である.

点Pに t を対応させると，g は数直線になる.

① で α をかえると，P_1 を通る直線群がえられることは説明するまでもなかろう.

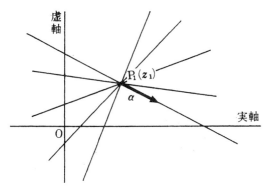

直線の方向を表わすベクトルには，単位ベクトルを用いると,都合の

よいことが多いから，α を，絶対値 1 の複素数 λ で置きかえてみる.

$$z = z_1 + \lambda t \qquad (|\lambda| = 1,\ t \in \boldsymbol{R}) \qquad\qquad ②$$

　この式は λ を固定し，t を実変数とみれば直線を表わすが，主客をいれかえ，t を正の数に固定し，λ を絶対値 1 の複素変数とみると，点 P_1 を中心とする半径 t の円を表わす.

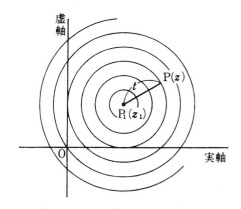

　t を変化させれば P_1 を中心とする同心円群になることもあきらかであろう.

　これらの円を実変数で表わしたいときは，極形式 $\lambda = \cos\theta + i\sin\theta$ を併用し

$$z = z_1 + (\cos\theta + i\sin\theta)t \qquad (t > 0,\ \theta \in \boldsymbol{R})$$

と表わせばよい．t を固定した上で，θ を変化させると，円群になる.

$$\times \qquad\qquad\qquad \times$$

　円の方程式を導く第 2 の方法は，初等幾何の知識からみて，円周角の利用であるが，これよりもアポロニュースの円の利用の方がやさしいから，これを先に取挙げてみる.

　2 点 $A(\alpha)$, $B(\beta)$ からの距離の比が $m:n$ に等しい点を $P(z)$ とす

ると

$$AP=|z-\alpha|, \qquad BP=|z-\beta|$$

であるから，Pの軌跡，すなわちアポロニュースの円の方程式は

$$|z-\alpha|:|z-\beta|=m:n \qquad\qquad ③$$

と表わされる．

しかし，このままでは，あまりにも初等幾何的で複素数の特徴が生かされていない．一般に絶対値は計算に向かないから，できることなら，絶対値を除いた表現をとりたい．

③から

$$|z-\beta|=\frac{n}{m}|z-\alpha|$$

$\angle APB=\theta$ とおくと，ベクトル $\overrightarrow{PB}$ はベクトル $\overrightarrow{PA}$ に $\frac{n}{m}(\cos\theta+i\sin\theta)$ をかけたものになる．

$\cos\theta+i\sin\theta$ は絶対値が1の複素数であるからλで表わせば

$$z-\beta=\frac{n}{m}\lambda(z-\alpha)$$

さらに $\frac{n}{m}=t$ とおいて次のようにかきかえる．

$$\frac{z-\beta}{z-\alpha}=t\lambda \qquad (t>0, |\lambda|=1) \qquad\qquad ④$$

これがアポロニュースの円の方程式の媒介変数型で，λ は絶対値1の複素変数である．

$\lambda=\cos\theta+i\sin\theta$ における θ は一般角でよいが，もし区間 $[0,2\pi)$ に制限すれば，θ と点Pとの対応は，図のように単純化され，一層見やすくなる．

t を任意定数と見ると，t の値に1つずつアポロニュースの円が対

応するから, 円群が得られる.

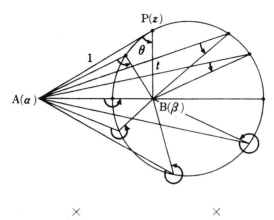

× × × ×

さて, ④ で, λ を固定し, t を変化させたとすればどうなるだろうか.

λ を固定するということは

$$\lambda = \cos\theta + i\sin\theta$$

の θ を固定することで, P は A, B を通り角 θ を含む弓形の弧上を運動するから, この弧を弧 AMB と呼んでおこう.

P が完全な 1 つの円をえがくようにするにはどうすればよいか. それを解決するには, 動点が弧 AMB の共役弧 ANB 上にあるとき, λ の値を知ればよい.

弧 ANB 上の点を P′ とすると, $\angle AP'B = \theta \pm \pi$ であるから

$$\lambda' = \cos(\theta \pm \pi) + i\sin(\theta \pm \pi) = -(\cos\theta + i\sin\theta) = -\lambda$$

以上でわかったことをまとめてみる.

$$\frac{z-\beta}{z-\alpha} = \begin{cases} \lambda t & t > 0 \ (\text{P} \in \text{弧 AMB}) \\ (-\lambda)t & t > 0 \ (\text{P} \in \text{弧 ANB}) \end{cases}$$

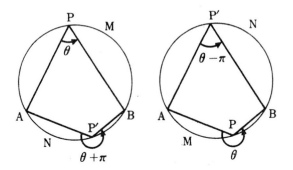

ただし，Pは弧の端と一致する場合は除いてある．とくにPが点B
と一致したときは $t=0$ で，Pが点Aと一致した場合は除かれる．

$(-\lambda)t$ は $\lambda(-t)$ とかきかえると，$-t$ は負の数になるから，t を
任意の実数値をとる変数にかえることによって，Pの位置の3つの場
合は，次の1つの式に総括される．

Pが円周上の点で，Aと異なるとき

$$\frac{z-\beta}{z-\alpha}=\lambda t \qquad (t\in\boldsymbol{R})$$

そこで，円の方程式をアポロニュースの円を利用して導いた場合と
あわせ，まとめておく．

$$\frac{z-\beta}{z-\alpha}=\lambda t$$

$$\begin{cases} t\in\boldsymbol{R} \\ \lambda=\cos\theta+i\sin\theta \qquad (0\leqq\theta<2\pi) \end{cases}$$

(i) t $(t\neq1)$ を正の数に固定し，λ を変数とみると，2点 α,β
からの距離の比が $1:t$ に等しいアポロニュースの円

(ii) λ $(\lambda\neq\pm1)$ を固定し，t を任意の実数値をとる変数とみる
と，2点 α,β を通る円 （ただし点 α を除く）

方程式をみて図形を知る.

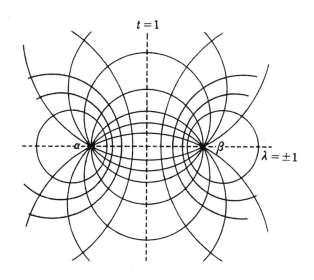

→**注1** とくに, $t=1$ で, λ が変数のときは, 2点 α, β を結ぶ線分の垂直二等

分線を表わす.

　また，$\theta=0$ または π のとき，すなわち $\lambda=\pm1$ のときは，t を変数とすると2点 α, β を通る直線（点 α を除く）を表わす.

→注2　λ を固定し，t を変化させたときは，点 α は除かれるが，実数のほかに ∞ を考え，$t=\infty$ には $z=\alpha$ が対応すると約束すれば，点 α も含むことになって，例外がなくなる. この種の約束を作ることは，数学では珍しくない.

　先の方程式を z について解けば

$$z = \frac{\beta-\alpha\lambda t}{1-\lambda t} \qquad (t\in\boldsymbol{R},\ |\lambda|=1)$$

　この形の方程式をみたら「ハハアーこれは円だな」と分るようであれば申分ない.

▨ 円の方程式の応用 ▨

　だいぶ解説が続いたから，ここらで応用例を挙げ，その偉力のほどを知って頂くことにしよう.

――― 例題1 ―――

　次の集合 A, B を図示せよ.

(1)　$A = \left\{ z \left| \left| \dfrac{z+i}{z+1} \right| = 2 \right. \right\}$

(2)　$B = \left\{ z \left| 1 < \dfrac{z+i}{z+1} < 2 \right. \right\}$

　今までに知った予備知識があれば，式をみたとたんに，A, B がどんな図であるかわかるはずである.

(1)　　$\dfrac{|z-(-i)|}{|z-(-1)|} = 2$

　これは，2点 $A(-i), B(-1)$ からの距離の比が $2:1$ の点の軌跡，つまりアポロニュースの円である.

図をかくには, 線分 AB を 2:1 に内分, 外分する点 C, D を用いれ
ばよい.

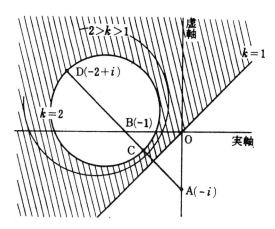

Cの座標は $\dfrac{2\times(-1)+1\times(-i)}{2+1}=\dfrac{-2-i}{3}$

Dの座標は $\dfrac{2\times(-1)-1\times(-i)}{2-1}=-2+i$

(2) $\dfrac{z+i}{z+1}=k$ $(k>0)$ の表わす円は, k が小さくなるにともなっ
て, 外側へ拡大され $k=1$ のとき, 線分 AB の垂直二等分線になる.

したがってBは, (1)の円と AB の垂直二等分線とにはさまれた部
分になる.

─── 例題2 ─────────────────────────────

複素平面上で, 点 $z=x+yi$ が $x=1$ を満足しながら動くとき, 次
の関係をみたす点 w はそれぞれどんな図形をえがくか.

(1) $w=\dfrac{1}{z-2}$　　(2) $w=\dfrac{z+2i}{z-2}$

（長崎大）

──

解き方はいろいろ考えられるが, ここでは, 先の円の方程式の利用

に焦点をしぼってみる.

ともに，点 w の軌跡を求めるのだから，z の方は媒介変数とみれば
よい.

(1) z について解くと $z=\dfrac{2w+1}{w}$

これに $z=1+yi$ を代入すると $1+yi=\dfrac{2w+1}{w}$

$$\dfrac{w-(-1)}{w-0}=yi \quad (y\in \boldsymbol{R})$$

$i=\cos\dfrac{\pi}{2}+i\sin\dfrac{\pi}{2}$ で，媒介変数 y は実変数だから，上の方程式の
表わす曲線は，2点 $O(0), A(-1)$ を結ぶ線分を直径とする円である.
ただし原点Oを除く.

(2) z について解いて $z=\dfrac{2w+2i}{w-1}$ ， $z=1+yi$ を代入して

$$1+yi=\dfrac{2w+2i}{w-1}$$

$$\dfrac{w-(-1-2i)}{w-1}=yi \quad (y\in \boldsymbol{R})$$

(1) の場合と同じ理由で，この方程式の表わす曲線は，2点 $B(1)$,
$C(-1-2i)$ を結ぶ線分を直径とする円である. ただし点Bを除く.

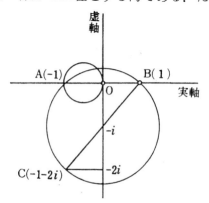

───── **例題 3** ──────────────────────────

z と w の間には，次の関係がある．

$$w = \frac{z-2i}{z+2}$$

(1) 点 z が原点を中心とする単位円とを運動するとき，点 w はどんな図形をえがくか．

(2) 点 z が点 $(-2+i)$ を中心とする半径 2 の円周上を運動するとき，点 w はどんな図形をえがくか．

──────────────────────────────────────

与えられた等式を z について解くと

$$z = \frac{-2w-2i}{w-1} \qquad ①$$

$$\therefore \quad \frac{w+i}{w-1} = -\frac{1}{2}z \qquad ②$$

(1) 点 z が原点を中心とする単位円上にあるときは $|z|=1$ だから，②から

$$\frac{|w+i|}{|w-1|} = \frac{1}{2}$$

式の形から，点 w の軌跡は，点 $-i$ と点 1 とからの距離の比が $1:2$ であるアポロニュースの円である．

(2) z は点 $-2+i$ を中心とする半径 2 の円周上を運動するから

$$z = -2+i+2\lambda \qquad (|\lambda|=1)$$

$$\therefore \quad 2\lambda = z+2-i$$

これに ① を代入すると $\dfrac{w+1-2i}{w-1} = 2\lambda i$ ，両辺の絶対値をとって

$$\frac{|w+1-2i|}{w-1} = 2$$

点 w の軌跡は, 点 $-1+2i$ と点 1 とからの距離の比が $2:1$ である
アポロニュースの円である.

▓ 円の中心と半径 ▓

先に導いた円の方程式

$$\frac{z-\beta}{z-\alpha}=\lambda t \qquad (|\lambda|=1, \ t\in \boldsymbol{R}) \qquad ①$$

を, 中心と半径を用いて表わした方程式にかえることを考えてみる.

上の方程式は, λ と t のどちらを定数, どちらを変数とみるかによっ
て, 異なる円を表わした. したがって, これから導く方程式も 2 通りで
きるはずである. しかし, ① の方程式は, λ と t についての 対称式で
あるから, このことを念頭におき, 変形の過程を比較してみるのが数
学の学び方としては常道であろう.

① を z について解いておく

$$z=\frac{\beta-\alpha\lambda t}{1-\lambda t} \qquad ②$$

(i) $t(>0)$ が一定, λ が複素変数のとき

このときは, ② の表わす図形はアポロニュースの円で, その中心は,
2 点 α, β を結ぶ線を $1^2 : t^2$ に外分する点であったから, その座標は

$$\frac{\beta-\alpha t^2}{1-t^2}$$

で表わされる.

そこで, (2) の両辺から, 上の式をひき, 変形してみると

$$z-\frac{\beta-\alpha t^2}{1-t^2}=\frac{(\beta-\alpha)(\lambda-t)t}{(1-t^2)(1-\lambda t)} \qquad ③$$

ここで両辺の絶対値をとると, $\lambda-t$ と $1-\lambda t$ の絶対値は等しいので,

簡単な式にかわる．すなわち

$$|\lambda - t| = \left| \frac{1}{\lambda} - t \right| = |1 - \bar{\lambda}t| = |1 - \lambda t|$$

を用いることによって

$$\left| z - \frac{\beta - \alpha t^2}{1 - t^2} \right| = \frac{|\beta - \alpha|t}{|1 - t^2|} \qquad ④$$

　これがアポロニュースの円の方程式を，中心の座標と半径とで表わしたものである．

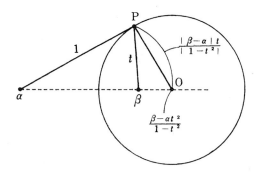

(ii)　λ が一定で，t が実変数のとき

②は λ, t の対称式であるから，それを変形した③も，λ と t を入れかえても成り立つ．したがって

$$z - \frac{\beta - \alpha \lambda^2}{1 - \lambda^2} = \frac{(\beta - \alpha)(t - \lambda)\lambda}{(1 - \lambda^2)(1 - \lambda t)} \qquad ④$$

ここで，両辺の絶対値をとると，③の場合と同様にして

$$\left| z - \frac{\beta - \alpha \lambda^2}{1 - \lambda^2} \right| = \frac{|\beta - \alpha|}{|1 - \lambda^2|}$$

これが，2点 α, β を通る円の方程式を，その中心の座標と半径を用いても表わしたものである．ただし $\lambda = \cos\theta + i\sin\theta$

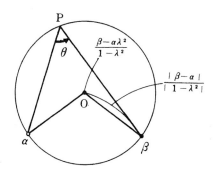

このように，2つの場合を併列的に取扱えるところに，ガウス平面の特徴があり，われわれの興味をそそる．この特徴は一次変換

$$w = \frac{\alpha z + \beta}{\gamma z + \delta} \qquad (\alpha\delta - \beta\gamma \neq 0)$$

で，美しい理論を展開するもとにもある．

───── **例題 4** ─────────────────────────────

実数 t が 0 より 1 まで変化するとき, 次の複素数 z は複素平面上でどんな曲線の上を動くか.

$$z = \frac{(1+i)(1-t)}{1+it}$$

（法政大）

───

t にいくつかの実数を与えて z を求め, さぐりを入れるのが初歩的で, しかも, つねに欠かせない態度であろう.

$t = 0, 1, -1$ とおくと $z = 1+i, 0, 2i$

$t \to \infty$ のときは $z = \dfrac{1+i}{i} = -1+i$

これによって, 曲線がもし円だとすると, 2 点 $0, 2i$ を直径の両端とすることが推測される.

先に知った公式 $z = \dfrac{\beta - \alpha\lambda t}{1 - \lambda t}$ と比較すればどうなるか.

$$z = \frac{1+i-(1+i)t}{1+it} = \frac{(1+i)-(-1+i)(-i)t}{1-(-i)t}$$

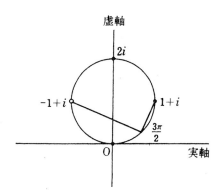

よって, 公式で $\alpha = -1+i$, $\beta = 1+i$,

$$\lambda = -i = \cos\frac{3\pi}{2} + i\sin\frac{3\pi}{2}$$

とおいた場合に あたるから, 点 z のえがく 曲線は, 2点 $-1+i$, $1+i$ を通る円である.

円周角 $\dfrac{3\pi}{2}$ は弦の作る有向角であったから, 図のようにとる.

ここまで予想が立てば, 円の方程式を高校数学らしい方法で求める のはやさしい.

円の中心は i になるはずだから $|z-i|$ を計算してみればよい.

$$z - i = \frac{(1+i)(1-t)}{1+it} = \frac{1-it}{1+it}$$

$1+it$ と $1-it$ は互に共役だから, 絶対値は等しい. したがって

$$|z-i| = 1$$

z は点 i を中心とする半径 1 の円をえがく. ただし, 点 $(-1+i)$ が

ぬけることは，z に対して実数 t が存在するための条件からあきらかにしておかなければならない．

● 練 習 問 題 (13) ●

75. 2点 A$(3, 0)$, B$(-2, 5)$からの距離の比が $3:2$ である点 P(x, y) の軌跡の方程式を求めよ．

76. 次の □ の中に適当な整数値を入れよ．点 (x, y) から点 A$(\boxed{①}, 1)$ に至る距離を r_1, 点 B$(-1, \boxed{②})$ に至る距離を r_2 とすれば

$$r_1{}^2 = (x + \boxed{③})^2 + (y + \boxed{④})^2$$
$$r_2{}^2 = (x + \boxed{⑤})^2 + (y + \boxed{⑥})^2$$

であるから，$r_1 : r_2 = 2 : 1$ ならば (x, y) は円の方程式

$$x^2 + y^2 + \frac{\boxed{⑦}}{3} x + \frac{\boxed{⑧}}{3} y + \frac{\boxed{⑨}}{3} = 0$$

を満たす．その円の中心は $\left(-\dfrac{7}{3}, \dfrac{\boxed{⑩}}{3} \right)$ で，その円と A, B を通る直線との交点は線分 AB を $2:1$ の比に分け，その内分点の座標は $\left(\dfrac{\boxed{⑪}}{3}, \dfrac{5}{3} \right)$, 外分点の座標は $(\boxed{⑫}, \boxed{⑬})$ である．（津田塾大）

77. t がすべての実数値をとるとき，次の式をみたす点 z の軌跡を図示せよ．

$$z = \frac{1 + it}{1 - it}$$

78. 点 z が原点を中心とする単位円上を運動するとき，次の関係をみたす点 w はどんな図形をえがくか．

(1) $w = \dfrac{z + 1}{z - 1}$ (2) $w = \dfrac{2z - 2}{2z + i}$

79. 点 t が，実軸上（ただし $t \neq \pm 1$）を運動するとき，

$$z = \frac{\beta - \alpha t^2}{1 - t^2}$$

で表わされる点 z はどんな図形をえがくか.

80. 点 λ が原点を中心とする半径 1 の円周上（ただし $\lambda \neq \pm 1$）を運動するとき，

$$z = \frac{\beta - \alpha \lambda^2}{1 - \lambda^2}$$

によって表わされる点 z はどんな図形上を運動するか.

練 習 問 題 略 解

1.(1) 第2式を $\left(\dfrac{a^{-1}+b^{-1}}{2}\right)^{\frac{1}{-1}}$, 第4式を $\left(\dfrac{a^2+b^2}{2}\right)^{\frac{1}{2}}$ とかきかえてみよ.

$M_{-1} \leqq M_0 \leqq M_1 \leqq M_2$ から

$\dfrac{2ab}{a+b} \leqq \sqrt{ab} \leqq \dfrac{a+b}{2} \leqq \sqrt{\dfrac{a^2+b^2}{2}}$ と予想を立てる.

証明は $M_0 - M_{-1}$, $M_1 - M_0$, $M_2{}^2 - M_1{}^2$ を計算して正になることを示す.

(2) $M_{\frac{1}{2}} \leqq M_1$ から $\left(\dfrac{a^{\frac{1}{2}}+b^{\frac{1}{2}}+c^{\frac{1}{2}}}{3}\right)^2 \leqq \dfrac{a+b+c}{3}$ と予想.

$M_1 - M_{\frac{1}{2}} = \dfrac{1}{9}\{(\sqrt{b}-\sqrt{c})^2 + (\sqrt{c}-\sqrt{a})^2 + (\sqrt{a}-\sqrt{b})^2\} \geqq 0$

2. 両辺を6乗してもできるが計算はやっかい. 両辺を3乗し $a^2=A$, $b^2=B$, $c^2=C$ とおくと

$\left(\dfrac{A+B+C}{3}\right)^{\frac{3}{2}} \leqq \dfrac{A^{\frac{3}{2}}+B^{\frac{3}{2}}+C^{\frac{3}{2}}}{3}$, $f(x)=x^{\frac{3}{2}}$ $(x>0)$

は下に凸な関数であることを用いよ.

3. $P_1 P_2$ の傾き$=\dfrac{y_2-y_1}{x_2-x_1}$, $x_2-x_1>0$ などに定理 (6) を用いると

$g \leqq \dfrac{(y_2-y_1)+(y_3-y_2)+(y_4-y_3)}{(x_2-x_1)+(x_3-x_2)+(x_4-x_3)} \leqq G$

$\therefore\ g \leqq \dfrac{y_4-y_1}{x_4-x_1} \leqq G$ $\therefore\ g \leqq P_1 P_4$ の傾き $\leqq G$

4.(1) $x \geqq y$ としても一般性を失わない. a,b,c は正だから

$\dfrac{ax+by+c\cdot 1}{a+b+c} \leqq \max\{x,y,1\} = x$

$a+b+c<1$, $1 \leqq y$ を用いて $ax+by+c<x<xy$

(2) 仮定を $\dfrac{x}{a} \geqq 1$, $\dfrac{y}{b} \geqq 1$, $\dfrac{z}{c} \geqq 1$ とかきかえて (1) の x, y を $\dfrac{x}{a}$, $\dfrac{y}{b}$ でおきかえると

$\dfrac{x}{a} \cdot \dfrac{y}{b} > a \cdot \dfrac{x}{a} + b \cdot \dfrac{y}{b} + c$ $\therefore\ xy > ab(x+y+c)$

同様の式を3つ作って加えよ.

5. 背理法による. $a, b, c \geqq 0$ とすると矛盾が起きることを示せ.

$$\frac{ax+by+cz}{a+b+c}\leqq\max\{x,y,z\}\qquad\therefore\ \frac{7}{2}\leqq3\quad矛盾$$

6. $a_1,a_2,\cdots,a_n$ のとき a_i を最大とすると，$\dfrac{1}{a_1}$, $\dfrac{1}{a_2}$, $\cdots$, $\dfrac{1}{a_n}$ の最小値は $\dfrac{1}{a_i}$

となる．したがって $LS=a_i\cdot\dfrac{1}{a_i}=1$

7. n 以下のとき成り立つと仮定し，数学的帰納法による．

$$p_1+p_2+\cdots+p_n=P,\quad \frac{p_1x_1+p_2x_2+\cdots+p_nx_n}{P}=X$$

とおくと

$$p_1x_1+p_2x_2+\cdots+p_{n+1}x_{n+1}=PX+p_{n+1}x_{n+1}$$

$$\therefore\ f(PX+p_{n+1}x_{n+1})\leqq Pf(X)+p_{n+1}f(x_{n+1})$$

$$f(X)=f\Big(\frac{p_1}{P}x_1+\frac{p_2}{P}x_2+\cdots+\frac{p_n}{P}x_n\Big)\leqq\frac{p_1}{P}f(x_1)+\frac{p_2}{P}f(x_2)+\cdots+\frac{p_n}{P}f(x_n)$$

これで上の不等式の右辺を置きかえよ．

8. 左辺－右辺 $=\dfrac{\tan\dfrac{A+B}{2}}{\cos A\cos B}N$

$$N=\cos A\cos B-\cos^2\frac{A+B}{2}$$

$$=\frac{\cos(A+B)+\cos(A-B)}{2}-\frac{1+\cos(A+B)}{2}=\frac{\cos(A-B)-1}{2}\leqq0$$

9. $\Big(\dfrac{a+b+c}{3}\Big)^3\leqq\dfrac{a^3+b^3+c^3}{3}$ とかきかえてみる．区間 $(0,+\infty)$ で関数 $f(x)$

$=x^3$ を考えると $f''(x)=6x>0$, 凸関数．

10. 出題者は計算による解を予定しているから，(1)に4数の場合をあげ，(2)へ
3数の場合を回したのであろう．凹関数の応用ならば，(1),(2)は一気に解決
される．

$f(x)=\sin x,\ x\in(0,\pi)$ とおくと

$f'(x)=\cos x,\ f''(x)=-\sin x<0$

よって $f(x)$ は凹関数である．

次に計算による略解をあげる．

$$\sin A+\sin B=2\sin\frac{A+B}{2}\cos\frac{A-B}{2}\leqq2\sin\frac{A+B}{2}$$

C,D についても同様の不等式が成り立つ．これらの2式を加えて

$$\sin A+\sin B+\sin C+\sin D$$

$$\leqq2\Big(\sin\frac{A+B}{2}+\sin\frac{C+D}{2}\Big)$$

$$\leqq 2\cdot 2\sin\frac{1}{2}\left(\frac{A+B}{2}+\frac{C+D}{2}\right)$$

(2) は (1) を用いて導く. (1) で $D=\dfrac{A+B+C}{3}$ とおいてみよ. 簡単にする

と, 両辺から $\sin\dfrac{A+B+C}{3}$ が 1 つ消えて, 目的の不等式になる.

11.(1) $a\geqq b\geqq c$ と仮定し, $a^3+b^3+c^3$ は $a\cdot a^2+b\cdot b^2+c\cdot c^2$ とかきかえる.

(2) $9(\text{左辺}-\text{右辺})=(a-b)(a^2-b^2)+(a-c)(a^2-c^2)+(b-c)(b^2-c^2)\geqq 0$

12. $ax+by+cz=(a-b)x-(b-c)z$

仮定から

$$3x\geqq x+y+z\geqq 3z \quad \therefore\ x\geqq 0,\ z\leqq 0$$

$$\therefore\ (a-b)x\geqq 0,\ -(b-c)z\geqq 0$$

13. $a<b<c,\ x\geqq y\geqq z$ だから

$$\frac{ax+by+cz}{3}\leqq\frac{a+b+c}{3}\cdot\frac{x+y+z}{3}$$

これに $x+y+z=1$ を代入せよ.

答 最大値は $\dfrac{1}{3}(a+b+c)$

14.(1) $n=2$ のとき成り立つ. n のとき成り立つとする. 左辺を P_n とおけば

$$P_{n+1}=(n+1)\cdot 1+n\cdot 2+\cdots+2\cdot n+1\cdot(n+1)$$

のはじめの n 項から, それぞれ $1,2,\cdots,n$ をひき, その分あとで加えると

$$P_{n+1}=P_n+(n+1)+(1+2+\cdots+n)$$
$$<n\left(\frac{n+1}{2}\right)^2+\frac{(n+1)(n+2)}{2}<(n+1)\left(\frac{n+2}{2}\right)^2$$

(2) $\text{左辺}=\displaystyle\sum_{r=1}^{n}(n-r+1)r=(n+1)\sum_{r=1}^{n}r-\sum_{r=1}^{n}r^2$

$$=(n+1)\cdot\frac{n(n+1)}{2}-\frac{n(n+1)(2n+1)}{6}$$

$$=\frac{n(n+1)(n+2)}{6}$$

これが右辺より小さいことを示せばよい.

(3) $\dfrac{\text{左辺}}{n}\leqq\dfrac{1+2+\cdots+n}{n}\cdot\dfrac{n+(n-1)+\cdots+1}{n}$

ここで $1+2+\cdots+n=\dfrac{n(n+1)}{2}$ を用いよ.

15. 両辺を 3 乗し, チェビシェフの定理を 2 回用いる.

$$\frac{a^3+b^3+c^3}{3}\geqq\frac{a+b+c}{3}\cdot\frac{a^2+b^2+c^2}{3}$$

$$\frac{a^2+b^2+c^2}{3} \geqq \frac{a+b+c}{3} \cdot \frac{a+b+c}{3}$$

$$\therefore \quad \frac{a^3+b^3+c^3}{3} \geqq \left(\frac{a+b+c}{3}\right)^3$$

16. $n=1,2$ のときは成り立つ. n のとき成り立つとして, $n+1$ のとき成り立つことを示す.

$$\sum_{r=1}^{n+1} p_r a_r b_r = \sum_{r=1}^{n} p_r a_r b_r + p_{n+1} a_{n+1} b_{n+1}$$

$\sum\limits_{r=1}^{n} p_r = P$ とおくと

$$\sum_{r=1}^{n+1} p_r a_r b_r = P\left(\sum_{r=1}^{n} \frac{p_r}{P} a_r b_r\right) + p_{n+1} a_{n+1} b_{n+1}$$

$$\geqq P\left(\sum \frac{p_r}{P} a_r\right)\left(\sum \frac{p_r}{P} b_r\right) + p_{n+1} a_{n+1} b_{n+1}$$

ここで, P, p_{n+1} は正で, 和は1だから, 2項のときのチェビシェフの不等式によって

$$\geqq \left(P\sum \frac{p_r}{P} a_r + p_{n+1} a_{n+1}\right)\left(P\sum \frac{p_r}{P} b_r + p_{n+1} b_{n+1}\right)$$

これはかきかえれば $\left(\sum\limits_{r=1}^{n+1} p_r a_r\right)\left(\sum\limits_{r=1}^{n+1} p_r b_r\right)$ に等しい.

このほかに線型性を用いる方法もある.

また, 直接に, 左辺-右辺を変形してもよい.

$$\text{左辺}-\text{右辺}=(\text{左辺})(p_1+p_2+\cdots+p_n)-\text{右辺}$$

$$=\sum p_i p_j (a_i-a_j)(b_i-b_j) \geqq 0$$

$$\text{ただし} \quad i \neq j, \ i,j=1,2,\cdots,n$$

17. $f(x)=x^3-N$ とおくと $f'(x)=3x^2$

$$\therefore \quad x_{n+1}=x_n-\frac{f(x_n)}{f'(x_n)}=x_n-\frac{x_n^3-N}{3x_n^2}=\frac{1}{3}\left(2x_n+\frac{N}{x_n^2}\right)$$

18. $x_n \to \alpha$ と仮定すると $\alpha=\sqrt{\alpha+2}$ これを解く. $\alpha^2-\alpha-2=0$

$\alpha=2,-1$, これらのうち $\alpha=-1$ はもとの方程式をみたさない.

$$|x_{n+1}-2|=|\sqrt{x_n+2}-2|=\frac{|x_n+2-4|}{\sqrt{x_n+2}+2}=\frac{|x_n-2|}{\sqrt{x_n+2}+2}$$

$x_1>0$ から $\sqrt{x_1+2}=x_2>0$, 以下同様にして $x_n>0$

$$\therefore \ |x_{n+1}-2|<\frac{1}{2}|x_n-2| \qquad \therefore \ |x_{n+1}-2|<\frac{1}{2^n}|x_1-2|=\frac{1}{2^n}$$

$n\to\infty$ のとき $|x_{n+1}-2|\to 0$ $\therefore$ $x_{n+1}\to 2$ 答 2

19. (1) $U_{n+1}=a-\frac{1}{4}\left(\frac{a}{x_n}+x_n\right)^2=-\frac{1}{4}\left(\frac{a}{x_n}-x_n\right)^2 \leqq 0$

(2) $\dfrac{U_{n+1}}{U_n}=\dfrac{-(a-x_n{}^2)^2}{4x_n{}^2(a-x_n{}^2)}=\dfrac{x_n{}^2-a}{4x_n{}^2}$

$U_{n+1}\leqq 0$ から $x_{n+1}{}^2\geqq a$　∴　$x_n{}^2\geqq a$

$\left|\dfrac{U_{n+1}}{U_n}\right|=\dfrac{1}{4}-\dfrac{a}{4x_n{}^2}<\dfrac{1}{4}<\dfrac{1}{2}$　$\dfrac{1}{2}$ より小さい.

(3) $|U_{n+1}|<\dfrac{1}{2}|U_n|$　∴　$|U_{n+1}|<\dfrac{1}{2^n}|U_1|$

$n\to\infty$ のとき $U_{n+1}\to 0$　∴　$x_n{}^2\to a$

$x_0>0$, また $x_n>0$ のとき $x_{n+1}>0$, よって $x_n>0$　∴ $x_n\to\sqrt{a}$

20.(1)　$\alpha=1$ の場合と $\alpha\neq 1$ の場合に分ける. $\alpha\neq 1$ のときは

$\alpha,\alpha^2,\cdots,\alpha^6$ は $x^6+x^5+\cdots+x+1=0$ の根である.

$\qquad f(x)=x^6+\cdots+x+1=(x-\alpha)(x-\alpha^2)\cdots(x-\alpha^6)$

$\qquad\therefore\ f(-1)=1=(1+\alpha)(1+\alpha^2)\cdots(1+\alpha^6)$

$\alpha=1$ のときは 与式$=2^6$　　　答　$2^6,\ 1$

(2)　$\alpha\neq 1$ のとき $\dfrac{f'(x)}{f(x)}=\dfrac{1}{x-\alpha}+\dfrac{1}{x-\alpha^2}+\cdots+\dfrac{1}{x-\alpha^6}$

$\qquad f'(x)=6x^5+5x^4+\cdots\cdots+2x+1,\ f(-1)=1,\ f'(-1)=-3$

$\qquad$与式$=-\dfrac{f'(-1)}{f(-1)}=-\dfrac{-3}{1}=3$

$\alpha=1$ のとき 与式$=\dfrac{1}{2}\times 6=3$　　　答　3

(3)　$\alpha=1$ のとき $2^2\times 3=12$

$\alpha\neq 1$ のとき 与式$=\alpha^2+2+\dfrac{1}{\alpha^2}+\alpha^4+2+\dfrac{1}{\alpha^4}+\alpha^6+2+\dfrac{1}{\alpha^6}$

$\qquad\qquad=\alpha^2+\alpha^5+\alpha^4+\alpha^3+\alpha^6+\alpha+6=(\alpha^6+\alpha^5+\cdots+\alpha+1)+5$

$f(\alpha)=0$ から $\alpha^6+\alpha^5+\cdots+\alpha+1=0$　∴ 与式$=5$　　　答　12, 5

(4)　$\alpha=1$ のとき $\dfrac{1}{2}\times 3=\dfrac{3}{2}$, $\alpha\neq 1$ のとき 与式を 1 つの分数に直す.

$\qquad$分母$=(1+\alpha^2)(1+\alpha^4)(1+\alpha^6)$

$\qquad\qquad=1+(\alpha^2+\alpha^4+\alpha^6)+(\alpha^6+\alpha^8+\alpha^{10})+\alpha^{12}$

$\qquad\qquad=2\alpha^6+\alpha^5+\alpha^4+\alpha^3+\alpha^2+\alpha+1=\alpha^6$

$\qquad$分子$=\alpha(1+\alpha^4)(1+\alpha^6)+\alpha^2(1+\alpha^2)(1+\alpha^6)+\alpha^3(1+\alpha^2)(1+\alpha^4)$

$\qquad\qquad=(\alpha+\alpha^5+1+\alpha^4)+(\alpha^2+\alpha^4+\alpha+\alpha^3)+(\alpha^3+\alpha^5+1+\alpha^2)$

$\qquad\qquad=2(\alpha^5+\alpha^4+\alpha^3+\alpha^2+\alpha+1)=-2\alpha^6$

$\qquad$与式$=\dfrac{-2\alpha^6}{\alpha^6}=-2$　　　答　$\dfrac{3}{2},\ -2$

21. 第 n 項を $f(n)=a+b\omega^n+c\omega^{2n}$ とおく.

$$a+b\omega+c\omega^2=3, \quad a+b\omega^2+c\omega=0, \quad a+b+c=1$$

これを a,b,c について解く.

3式の和から $\quad 3a=4$

第1式×ω^2＋第2式×ω＋第3式 $\qquad 3b=3\omega^2+1$

第1式×ω＋第2式×ω^2＋第3式 $\qquad 3c=3\omega+1$

$$\text{第 } n \text{ 項}=\frac{4}{3}+\left(\omega^2+\frac{1}{3}\right)\omega^n+\left(\omega+\frac{1}{3}\right)\omega^{2n}$$

22. 第 n 項を $f(n)=a+bi^n+ci^{2n}+di^{3n}$ とおく.

$$f(1)=a+bi-c-di=1, \quad f(2)=a-b+c-d=0,$$
$$f(3)=a-bi-c+di=2, \quad f(4)=a+b+c+d=0$$

これらを a,b,c について解くと $\quad a=\dfrac{3}{4}, \quad b=\dfrac{i}{4}, \quad c=-\dfrac{3}{4}, \quad d=-\dfrac{i}{4}$

$$\text{第 } n \text{ 項}=\frac{1}{4}\{1+(-1)^{n+1}\}\{3+i^{n+1}\}$$

23.(1) $\alpha=\cos\dfrac{2\pi}{10}+i\sin\dfrac{2\pi}{10}$ は $x^{10}=1$ の原始根であるから $\phi_{10}(x)=x^4-x^3$

$+x^2-x+1=0$ の根である. 10 より小さく 10 と互に素なる数は $1,3,7,9$
であるから

$$\phi_{10}(x)=(x-\alpha)(x-\alpha^3)(1-\alpha^7)(x-\alpha^9) \qquad \therefore f(1)=1 \qquad \text{答} \quad 1$$

(2) $f(-1)=(-1-\alpha)(-1-\alpha^3)(-1-\alpha^7)(-1-\alpha^9)=5 \qquad$ 答 5

24. $\cos\dfrac{2\pi}{7}+i\sin\dfrac{2\pi}{7}=\alpha$ は $x^7=1$ の虚根であることから $\alpha^6+\alpha^5+\cdots+\alpha+1=0$

これを用いる.

別解(1) 与式を P とおく. P に $2\sin\dfrac{\pi}{7}$ をかける.

$$2\cos\frac{2\pi}{7}\sin\frac{\pi}{7}=\sin\frac{3\pi}{7}-\sin\frac{\pi}{7}$$

$$2\cos\frac{4\pi}{7}\sin\frac{\pi}{7}=\sin\frac{5\pi}{7}-\sin\frac{3\pi}{7}$$

$$2\cos\frac{6\pi}{7}\sin\frac{\pi}{7}=\sin\pi-\sin\frac{5\pi}{7}$$

以上を加えると $2P\sin\dfrac{\pi}{7}=-\sin\dfrac{\pi}{7} \qquad$ 答 $\quad -\dfrac{1}{2}$

(2) 与式を Q とおく.

$$4Q=2\cos\frac{2\pi}{7}\left(\cos\frac{2\pi}{7}+\cos\frac{10\pi}{7}\right)=2\cos^2\frac{2\pi}{7}+2\cos\frac{2\pi}{7}\cos\frac{10\pi}{7}$$

$$\cos\frac{10\pi}{7}=\cos\left(2\pi-\frac{10\pi}{7}\right)=\cos\frac{4\pi}{7}$$

$$4Q=2\cos^2\frac{2\pi}{7}+2\cos\frac{2\pi}{7}\cos\frac{4\pi}{7}=1+\cos\frac{4\pi}{7}+\cos\frac{2\pi}{7}+\cos\frac{6\pi}{7}$$

$$=1+P=1-\frac{1}{2}=\frac{1}{2}\qquad\therefore\ Q=\frac{1}{8}\qquad\text{答}\ \ \frac{1}{8}$$

25. (1),(2)　$x>0$ ならば $|x|=x$　$\therefore\ f(x)=2x>0$

　　　　$x\leqq0$ ならば $|x|=-x$　　$\therefore\ f(x)=x-x=0$

　　　転換法によって，2つの逆は成り立つから

　　　　　$\therefore\ f(x)>0\Rightarrow x>0,\ f(x)=0\Rightarrow x\leqq0$

　　　よって (1),(2) はともに証明された.

　(3)　$f(x)+f(y)>0\Leftrightarrow f(x)>0$ or $f(y)>0\Leftrightarrow x>0$ or $y>0$

　(4)　$f(x),f(y)$ は負にはならないから

　　　　　$f(x)f(y)>0\Leftrightarrow f(x)>0$ and $f(y)>0\Leftrightarrow x>0$ and $y>0$

26.　$a\geqq b$ とすると　$-a\leqq-b$

　　　$\therefore\ a\triangledown b=a,\ (-a)\triangle(-b)=-a=-(a\triangledown b)$

　　　　$a\triangle b=b,\ (-a)\triangledown(-b)=-b=-(a\triangle b)$

　　$\triangledown$ の $\triangle$ に対する分配法則は　$a\triangledown(b\triangle c)=(a\triangledown b)\triangle(a\triangledown c)$

　　a,b,c を $-a,-b,-c$ とおきかえると

　　　　　$(-a)\triangledown\{(-b)\triangle(-c)\}=\{(-a)\triangledown(-b)\}\triangle\{(-a)\triangledown(-c)\}$

　　　$\therefore\ (-a)\triangledown\{-(b\triangledown c)\}=\{-(a\triangle b)\}\triangle\{-(a\triangle c)\}$

　　　$\therefore\ -\{a\triangle(b\triangledown c)\}=-\{(a\triangle b)\triangledown(a\triangle c)\}$

　　　$\therefore\ a\triangle(b\triangledown c)=(a\triangle b)\triangledown(a\triangle c)$

27.　$|x-1|\geqq|y-1|$ すなわち $(x-1)^2\geqq(y-1)^2$ すなわち

　　$(x+y-2)(x-y)\geqq0$ すなわち

　　$\begin{cases}x+y-2\geqq0\\x-y\geqq0\end{cases}$ or $\begin{cases}x+y-2\leqq0\\x-y\leqq0\end{cases}$

　　のときは $|x-1|\leqq1$

　　図の斜線の部分.

　　　同様にして $|x-1|<|y-1|$ のと

　　きは $|y-1|\leqq1$

　　図の点を打った部分.

　　　2つの場合を合わせて，正方形の

　　周と内部.

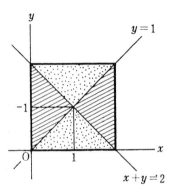

28. 線分 PQ が円周 O, O′ と交わる点をそれぞれ R, S とすると $\overline{OO'} \leqq \overline{OR} + \overline{RS}$ $+ \overline{O'S}$, この両辺から $\overline{OA} + \overline{O'B} = \overline{OR} + \overline{O'S}$ の両辺をひくと $\overline{AB} \leqq \overline{RS}$.

29. $d(x, A) \leqq d(x, y) + d(y, A)$

$d(y, A) \leqq d(y, x) + d(x, A)$

を証明すればよい. (p.146 を参照)

30. D_1, D_2 をみたすことはあきらか. D_3 は $d(x, y) = a$, $d(y, z) = b$,

$d(x, z) = c$ とおくと

$$\frac{a}{1+a} + \frac{b}{1+b} \geqq \frac{c}{1+c}$$

の証明に帰する. $f(x) = \dfrac{x}{1+x}$ は増加関数でしかも $c \leqq a+b$ だから

$$\frac{a+b}{1+a+b} \geqq \frac{c}{1+c}$$

よって, 次の不等式の証明に帰する.

$$\frac{a}{1+a} + \frac{b}{1+b} \geqq \frac{a+b}{1+a+b}$$

31. x, y, z にすべての値を代入して, 両辺の値が等しくなることを示せ.

32. (1) 正しい (2) 誤り (3) 正しい

$$\max\{a, 0\} + \max\{-a, 0\}$$

$$= \frac{a+|a|}{2} + \frac{-a+|a|}{2} = |a|$$

33. 例題 1.(1) $p + q\sqrt{2}$ (p, q は自然数)は乗法について閉じているから

(2+$\sqrt{2}$)^n は同じ形の数になる.

(2)(ⅰ) 共役数の性質を用いる.

$(2+\sqrt{2})^n = a_n + b_n\sqrt{2}$ の両辺の共役数を求めて

$\overline{(2+\sqrt{2})^n} = a_n - b_n\sqrt{2}$, $\overline{(2+\sqrt{2})^n} = (2-\sqrt{2})^n$

を帰納法で証明せよ.

(ⅱ) $2a = (2+\sqrt{2})^n + (2-\sqrt{2})^n$, $0 < (2-\sqrt{2})^n < 1$ を用いる.

例題 2. 予備知識を十分与えてある.

34.(1) $x_1 = 9$, $y_1 = 4$ (2) $9 + 4\sqrt{5}$ を 2 乗, 3 乗する.

$x_2 = 161$, $y_2 = 72$; $x_3 = 51841$, $y_3 = 23184$

35. $x_{n+1}^2 - 2y_{n+1}^2 = x_n^2 - 2y_n^2$ を導け.

36. $x_{n+1} + ky_{n+1} = r(x_n + ky_n)$, これに前問の漸化式を代入して, 両辺の係数を

くらべると

$$3+2k=r, \quad 4+3k=kr \qquad \therefore \quad r=3\pm2\sqrt{2}, \quad k=\pm\sqrt{2} \text{ (複号同順)}$$
$$x_n+\sqrt{2}\,y_n=(3+2\sqrt{2})^{n-1}(x_1+\sqrt{2}\,y_1)=(3+2\sqrt{2})^n$$
$$x_n-\sqrt{2}\,y_n=(3-2\sqrt{2})^n$$

この2式を x_n, y_n について解く.

37. (2)　$a+b\sqrt{2}\,i=(c+d\sqrt{2}\,i)(p+q\sqrt{2}\,i)$　の両辺の共役複素数を求める.

(3)　$1+\sqrt{2}\,i=(a+b\sqrt{2}\,i)(c+d\sqrt{2}\,i)$　ならば

$$1-\sqrt{2}\,i=(a-b\sqrt{2}\,i)(c-d\sqrt{2}\,i)$$

両辺をそれぞれかけて　$3=(a^2+2b^2)(c^2+2d^2)$

$a^2+2b^2=1$ をみたす整数値を求めると $a=\pm1$, $b=0$, したがって

$c=\pm1$, $d=\pm1$ (複号同順)

(4)　素数でない. (3)と同様にして

$$33=(a^2+2b^2)(c^2+2d^2) \text{ これを解く.}$$

38. (1)　$y=[x]$　のグラフを上
方へ2だけ平行移動した
もの.

(2)　$[x]\leqq x<[x]+1$ から
$0\leqq x-[x]<1$

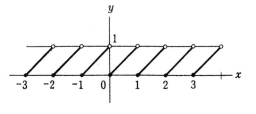

(3)　$y=[x]$ のグラフ x 軸
方向へ5倍に伸ばしたも
の.

(4)　(3)のグラフを x 軸の正の方向へ1だけ平行移動させたもの.

39.　$1\leqq n\leqq 10$ のとき $s=30$

$10<n$ のとき　$s=30+7\left[\dfrac{n-6}{5}\right]$

40.　$[x]\leqq x \qquad \therefore \quad a[x]\leqq ax$

$a[x]$ は整数であるから,

$$a[x]\leqq [ax]$$

41.　0から a までの k の倍数は $\left[\dfrac{a}{k}\right]$ 個

0から b までの k の倍数は $\left[\dfrac{b}{k}\right]$ 個

よって求める倍数は $\left[\dfrac{b}{k}\right]-\left[\dfrac{a}{k}\right]$ 個.

42.(1)　仮定から $2x<2[x]+1$　また $[x]\le x$ から $2[x]\le 2x$

　　　$\therefore\ 2[x]\le 2x<2[x]+1$　　$\therefore\ [2x]=2[x]$

　(2)　仮定から $2[x]+1\le 2x$　また $x<[x]+1$ から $2x<2[x]+2$

　　　　$\therefore\ 2[x]+1\le 2x<2[x]+1+1$　　$\therefore\ [2x]=2[x]+1$

43.　前問を用いる.

　　$x-[x]<\dfrac{1}{2}$, $y-[y]<\dfrac{1}{2}$ のときは前問によって

　　$[2x]=2[x]$, $[2y]=2[y]$ また仮定から

　　$x+y<[x]+[y]+1$ これと $[x]+[y]<x+y$ とから

　　$[x]+[y]=[x+y]$ よって成立する.

　　$x-[x]\ge\dfrac{1}{2}$, $y-[y]\ge\dfrac{1}{2}$ のときも同様にして証明される.

　　$x-[x]<\dfrac{1}{2}$, $y-[y]\ge\dfrac{1}{2}$ のときは前問によって

　　$[2x]=2[x]$, $[2y]=2[y]+1$

　　$[2x]+[2y]=[x]+([x]+[y]+1)+[y]$

　　これと $[x]+[y]+1\ge[x+y]$ を用いる.

44.　$\left[\dfrac{500}{7}\right]+\left[\dfrac{500}{7^2}\right]+\left[\dfrac{500}{7^3}\right]+\cdots=71+10+1=82$

　　　　答　82

45.　円に内接する四角形 PABC と PBCD にトレミーの定理を用いる.

　　　$PA+PC=\sqrt{2}\,PB$, $PB+PD=\sqrt{2}\,PC$

　　この2式を加えよ.

　　　$(PA+PD)/(PB+PC)=\sqrt{2}-1$

46.(1)　$PA=2r\sin\theta$, $PB=2r\sin\left(\dfrac{\pi}{2}-\theta\right)$

　　　　$PC=2r\sin\left(\theta+\dfrac{\pi}{4}\right)$

　　　　$\dfrac{PA+PB}{PC}=\dfrac{\sin\theta+\cos\theta}{\sin\left(\theta+\dfrac{\pi}{4}\right)}=\sqrt{2}$

　(2)　$\triangle CPB\backsim\triangle AQB$ から

　　　　$AQ:CP=AB:CB=\sqrt{2}:1$

47.　$AD=x$, $BC=y$ とおくと $BH=\dfrac{y-x}{2}$, $HC=\dfrac{y+x}{2}$, $\triangle ABH$ と

　　$\triangle ACH$ にピタゴラスの定理を用いて

$$AB^2 - AC^2 = (AH^2 + BH^2) - (AH^2 + HC^2) = BH^2 - HC^2$$

$$\therefore \quad a^2 - b^2 = \left(\frac{y-x}{2}\right)^2 - \left(\frac{y+x}{2}\right)^2$$

48. (1) $\triangle ACD$ を回転したものが $\triangle AC'D'$ であるから, $\triangle ADD'$ と $\triangle ACC'$ は相似な二等辺三角形である. したがって $\angle ADD' = \angle ACB$, 四角形 ABCD は長方形だから $\angle ACB = \angle ADB$.

$\therefore \quad \angle ADD' = \angle ADB$, D' は BD 上にある.

(2) 4角形 AC'BD' は円に内接するからトレミーの定理によって

$$BD' \cdot AC' + AD' \cdot C'B = AB \cdot C'D'$$

これに AB$=$C'D'$=a$, C'B$=$AD'$=b$, AC'$-\sqrt{a^2+b^2}$ を代入し, BD' について解くと

$$BD' = \frac{a^2 = b^2}{\sqrt{a^2+b^2}}$$

$$\therefore \quad DD' = BD - BD' = \frac{2b^2}{\sqrt{a^2+b^2}}.$$

以上は $a \geqq b$ のときの解き方である. $a < b$ のときは四角形 AC'D'B が円に内接するので同様にして同じ結果がえられる.

49. 正五角形の1辺を a, 対角線の長さを b とする. 四角形 PAED, PBCD, PADB, PCDE にトレミーの定理を用いて

$$a(PA + PD) = bPE$$

$$a(PB + PD) = bPC$$

$$b(PA + PB) = aPD$$

$$bPD = a(PC + PE)$$

これらの4つの式を加え, 両辺から aPD をひくと

$$(a+b)(PA + PB + PD) = (a+b)(PC + PE)$$

この両辺を $a+b$ で割れ.

50. AB$\cdot$PQ$=$BP$\cdot$AQ$+$AP$\cdot$BQ, 次に AB$=2a$ とおく. この式に

$$PQ = 2a\sin(\alpha+\beta), \quad BP = 2a\sin\alpha,$$

$$AQ = 2a\cos\beta, \quad BQ = 2a\sin\beta, \quad AP = 2a\cos\alpha,$$

を代入せよ.

51. 3つの内接四角形の対角線の長さは3通りしかない. それらを x, y, z とすると

$$xy = ac + bd, \quad xz = ad + bc, \quad yz = ab + cd$$

これらを連立させて, x, y を求める.

52. 反転の性質によって

$$A'B' = \frac{AB}{OA \cdot OB}, \quad B'C' = \frac{BC}{OB \cdot OC}, \quad \cdots\cdots$$

これらをオイラーの定理の等式に代入すると(1)の等式がえられる.

この両辺に $OA \cdot OB \cdot OC \cdot OD$ をかけて分母を払うと(2)になる.

53. B から AC に垂線 BH をひき，DH⊥AC となることを示せばよい.

仮定から $AB^2 - BC^2 = AD^2 - CD^2$

BH⊥AC から $AB^2 - BC^2 = AH^2 - CH^2$

∴ $AD^2 - CD^2 = AH^2 - CH^2$ ∴ DH⊥AC

AC は平面 BHD に垂直だから AC は BD に垂直.

54. B から AC に垂線 BH をひく. 仮定により AC⊥BD だから，平面 BHD は AC に垂直，したがって DH も AC に垂直.

∴ $AB^2 - BC^2 = AH^2 - CH^2 = AD^2 - CD^2$

55. BC の中点を M とする. AM は二等辺三角形 ABC の中線だから AM⊥BC

∴ $AB^2 - AC^2 = BM^2 - CM^2$

次に B と H，C と H を結ぶと BH⊥AH，CH⊥AH から

$AB^2 - AC^2 = (AH^2 + BH^2) - (AH^2 + CH^2) = BH^2 - CH^2$

∴ $BM^2 - CM^2 = BH^2 - CH^2$ ∴ HM⊥BC

すなわち HM は辺 BC の垂直二等分線であるから，D を通り，H は中線 DM 上にあることがわかる. 同様にして H は B からひいた中線上にもあるから，H は重心である.

56. 1辺の長さ a の正四面体 ABCD の辺 CD の中点を M とする. ∠AMB = α，

$AB = a$, $AM = BM = \dfrac{\sqrt{3}}{2}a$

余弦定理によって $AB^2 = AM^2 + BM^2 - 2AM \cdot BM \cos\alpha$

∴ $a^2 = \dfrac{3}{4}a^2 + \dfrac{3}{4}a^2 - \dfrac{3}{2}a^2 \cos\alpha$ ∴ $\cos\alpha = \dfrac{1}{3}$

∠ABM = β，AB の中点を N とすると

$$\cos\beta = \frac{BN}{BM} = \frac{a}{2} \div \frac{\sqrt{3}\,a}{2} = \frac{1}{\sqrt{3}}$$

57. O から AB に垂線 OH をひくと，三垂線の定理によって CH⊥AB

∴ ∠CHO = θ

$OC = a$ とおくと $OA = a \cot\alpha$, $OB = a \cot\beta$, $OH = a \cot\theta$,

△OAB は直角三角形だから $\triangle OAB = \dfrac{1}{2}OA \cdot OB = \dfrac{1}{2} \cdot OH \cdot AB$

$$\therefore \ a\cot\alpha\cdot a\cot\beta = a\cot\theta\cdot\sqrt{a^2\cot^2\alpha + a^2\cot^2\beta}$$

平方し

$$\frac{1}{\tan^2\alpha\tan^2\beta} = \frac{1}{\tan^2\theta}\left(\frac{1}{\tan^2\alpha} + \frac{1}{\tan^2\beta}\right)$$

$$\therefore \ \tan^2\theta = \tan^2\alpha + \tan^2\beta$$

58. $OC = a$ とおくと $AC = a\sec\alpha'$, $BC = a\sec\beta'$, $AO = a\tan\alpha'$,

$\quad\quad BO = a\tan\beta'$　$\quad\therefore \ AB^2 = a^2\tan^2\alpha' + a^2\tan^2\beta'$

$\quad\triangle ABC$ から　$AB^2 = AC^2 + BC^2 - 2AC\cdot BC\cos\theta'$

$\quad\therefore \ a\tan^2\alpha' + a^2\tan^2\beta' = a^2\sec^2\alpha' + a^2\sec^2\beta' - 2a^2\sec\alpha'\sec\beta'\cos\theta'$

$\quad\therefore \ \sec\alpha'\sec\beta'\cos\theta' = 1$　$\quad\therefore \ \cos\theta' = \cos\alpha'\cos\beta'$

59. $OH\perp AB$ とすると三垂線の定理によって $CH\perp AB$

$$\triangle OAB = \frac{1}{2}OH\cdot AB = \frac{1}{2}OA\cdot OB \ \text{から} \quad OH = \frac{ab}{\sqrt{a^2+b^2}}$$

$$\triangle COH \ \text{から} \quad CH^2 = OC^2 + OH^2 = c^2 + \frac{a^2b^2}{a^2+b^2} = \frac{a^2b^2 + b^2c^2 + c^2a^2}{a^2+b^2}$$

$$\triangle ABC = \frac{1}{2}AB\cdot CH = \frac{1}{2}\cdot\sqrt{a^2+b^2}\cdot\frac{\sqrt{a^2b^2 + b^2c^2 + c^2a^2}}{\sqrt{a^2+b^2}}$$

$$= \frac{1}{2}\sqrt{a^2b^2 + b^2c^2 + c^2a^2}$$

60. 前問の結果を用いる.

$$s_1 = \frac{1}{2}ab, \quad s_1{}^2 = \frac{a^2b^2}{4}, \quad s_2{}^2 = \frac{b^2c^2}{4}, \quad s_3{}^2 = \frac{a^2c^2}{4}$$

$$\therefore \ s_1{}^2 + s_2{}^2 + s_3{}^2 = s^2$$

61. (1)—(カ)，(2)—(オ)，(3)—(キ)，(4)—(イ)または(ウ)，(5)—(ア)，
(6)—(ウ)または(イ)，(7)—(エ)，(8)—(ク)

62. (1) ① で y に 0, x に $2x$ を代入すると

$$f(2x) = 2f(x) - f(0) \qquad\qquad ②$$

① の x, y に $2x, 2y$ を代入して，② を用い

$$f(x+y) = \frac{f(2x) + f(2y)}{2} = f(x) + f(y) - f(0) \qquad\qquad ③$$

数学的帰納法による. $n=1$ のときはあきらか. $n=k$ のとき成り立つとすると,

$$f((k+1)x) = f(kx + x) = f(kx) + f(x) - f(0)$$
$$= kf(x) - (k-1)f(0) + f(x) - f(0)$$
$$= (k+1)f(x) - kf(0)$$

となって $n=k+1$ のときも成り立つ.

(2) (1) の等式で $x=1$ とおくと

$$f(n) = nf(1) - (n-1)f(0) \qquad\qquad ④$$

n を $n-1$ でおきかえて
$$f(n-1)=(n-1)f(1)-(n-2)f(0)$$
上の2式の差から
$$f(n)-f(n-1)=f(1)-f(0)$$
(3) ④ で $n=p$ とおいて $f(p)=ap+q$

(1) の式で $x=\dfrac{p}{q}$, $n=q$ とおいて

$$f(p)=qf\left(\frac{p}{q}\right)-(q-1)f(0)$$

$$\therefore\ ap+b=qf\left(\frac{p}{q}\right)-(q-1)b\quad\therefore\ f\left(\frac{p}{q}\right)=a\frac{p}{q}+b$$

63. ① → ② は本文ですでに証明したから，ここでは② → ① を示せばよい.

② の x,y をそれぞれ $\dfrac{x}{2}$, $\dfrac{y}{2}$ でおきかえると

$$f\left(\frac{x+y}{2}\right)=f\left(\frac{x}{2}\right)+f\left(\frac{y}{2}\right)-f(0) \tag{③}$$

上の式で $x=y$ とおくと $f(x)=2f\left(\dfrac{x}{2}\right)-f(0)$

$$\therefore\ f\left(\frac{x}{2}\right)=\frac{f(x)+f(0)}{2}\quad\therefore\ f\left(\frac{y}{2}\right)=\frac{f(y)+f(0)}{2}$$

これらを ③ に代入すると ① がえられる.

64. (1) $\varphi(n+m)=\varphi(n)\varphi(m)$ 　　　　　　　　①

① で $n=m=0$ とおくと
$$\varphi(0)=\varphi(0)\varphi(0),\quad \varphi(0)(\varphi(0)-1)=0$$
任意の整数 n について $|\varphi(n)|=1$ だから
$$\varphi(0)=1$$
(2) ① より
$$\varphi(p)=\varphi(p-1+1)=\varphi(p-1)\varphi(1)$$
これを反復利用することによって
$$\varphi(p)=\varphi(p-2)\varphi(1)^2=\varphi(p-3)\varphi(1)^3=\cdots$$
$$=\varphi(0)\varphi(1)^p=\varphi(1)^p$$
仮定によって $\varphi(p)=1$ だから $\varphi(1)^p=1$

$$\therefore\ \begin{cases} \varphi(1)=\cos\dfrac{2k\pi}{p}+i\sin\dfrac{2k\pi}{p} \\[2mm] k=0,1,2,\cdots,p-1 \end{cases} \tag{②}$$

とおくことができる.

p と k に1より大きい公約数があったとすると $p=dq$, $k=dh$ とおけるから

$$\varphi(1)=\cos\frac{2h\pi}{q}+i\sin\frac{2h\pi}{q}$$

$$\therefore\ \varphi(q)=\varphi(1)^q=\cos 2h\pi+i\sin 2h\pi=1$$

これは p が $\varphi(p)=1$ をみたす最小の正の整数であるという仮定に反する. ゆ

えに p, k は互に素である.

逆に p と k が互いに素であれば, p は $\varphi(n)=1$ をみたす最小の正の整数であるから ② が $\varphi(1)$ の求める値である.

$$
答 \begin{cases} \varphi(1)=\cos\dfrac{2k\pi}{p}+i\sin\dfrac{2k\pi}{p} \\ k=0,1,2,\cdots,p-1 \end{cases}
$$

65. (1) $\pm1\neq0$ だから (i) と (ii) から $f(\pm1)>0$

  (ii) で $x=y=1$ とおくと $f(1)=f(1)\cdot f(1)$

        ∴ $f(1)=1$

  (iii) で $x=y=-1$ とおくと $f(1)=f(-1)f(-1)$

        $1=(f(-1))^2$ ∴ $f(-1)=1$

  (2) $f(-x)=f(-1)f(x)=f(x)$

  (3) $f(x^{-1})f(x)=f(x^{-1}x)=f(1)=1$

$x\neq0$ のとき $f(x)\neq0$ だから $f(x^{-1})=\dfrac{1}{f(x)}$

  (4) $f(x)<f(y)$ のとき $f(x+y)=f(y)$

を証明すればよい. (iv) から $f(x+y)\leqq\max\{f(x),f(y)\}=f(y)$

      ∴ $f(x+y)\leqq f(y)$ ①

  次に (iv) によって

      $f(y)=f(y+x-x)\leqq\max\{f(y+x),f(-x)\}$

  よって $f(y)\leqq f(y+x)$ または $f(y)\leqq f(-x)$

  しかるに $f(-x)=f(x)<f(y)$ だから, 第2の不等式は成り立たない. よって

      $f(y)\leqq f(y+x)$ ②

① と ② から $f(x+y)=f(y)$

66. (i) から $|f(xy)|=|f(x)||f(y)|$ ①

(ii) によって $f(x)\neq0$ だから $|f(x)|>0$, よって ① の両辺の対数をとって

    $\log|f(xy)|=\log|f(x)|+\log|f(y)|$

    $\log|f(x)|=g(x)$ とおくと $g(xy)=g(x)+g(y)$

$g(x)$ は連続関数だから, この解は $g(x)=k\log|x|$

    ∴ $\log|f(x)|=\log|x|^k$ ∴ $|f(x)|=|x|^k$ $f(x)=\pm|x|^k$

(iv) によって $f(x)$ は奇関数だから, $f(x)$ は次の2つの関数のいずれかである.

$$
f_1(x)=\begin{cases} |x|^k & (x>0) \\ -|x|^k & (x<0) \end{cases}
$$

$$
f_2(x)=\begin{cases} -|x|^k & (x>0) \\ |x|^k & (x<0) \end{cases}
$$

次の図は $0<k<1$ のときである.

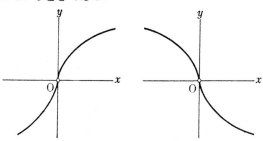

(i)にあてはめてみる. $f_1(x)$ は(i)をみたす. しかし, $f_2(x)$ はみたさない. たとえば x, y がともに正のとき $f_2(x)<0,\ f_2(y)<0,\ f_2(xy)<0$ となるからである.

$$\text{答}\quad f(x)=\begin{cases} |x|^k & (x>0) \\ -|x|^k & (x<0) \end{cases}$$

→注 (6)の解は $\operatorname{sgn} x$ を用いて

$$f(x)=(\operatorname{sgn} x)|x|^k \quad (x\neq 0)$$

と表わされる. $\operatorname{sgn} x$ は $x>0$ のとき $+1$, $x=0$ のとき 0, $x<0$ のとき -1 となる関数を表わす記号である.

67. (1) $\overline{f(z)}=\overline{az^2+bz+c}=\overline{az^2}+\overline{bz}+\overline{c}=\bar a\bar z^2+\bar b\bar z+\bar c=\bar a\bar z^2+\bar b\bar z+\bar c=f(\bar z)$

(2) $\overline{g(z)}=\overline{\dfrac{az+b}{cz+d}}=\dfrac{\overline{az+b}}{\overline{cz+d}}=\dfrac{\bar a\bar z+\bar b}{\bar c\bar z+\bar d}=g(\bar z)$

68. (1) $|\alpha|=\sqrt{\alpha\bar\alpha}$ を用いる.

$$|\alpha\beta|=\sqrt{\alpha\beta\,\overline{\alpha\beta}}=\sqrt{\alpha\beta\,\bar\alpha\bar\beta}=\sqrt{\alpha\bar\alpha\,\beta\bar\beta}=\sqrt{\alpha\bar\alpha}\sqrt{\beta\bar\beta}=|\alpha|\,|\beta|$$

$$\therefore\ \left|\frac{\alpha}{\beta}\right||\beta|=\left|\frac{\alpha}{\beta}\cdot\beta\right|=|\alpha|\quad\therefore\ \left|\frac{\alpha}{\beta}\right|=\frac{|\alpha|}{|\beta|}.$$

(2) $|\alpha+\beta|^2=(\alpha+\beta)(\bar\alpha+\bar\beta)=\alpha\bar\alpha+\beta\bar\beta+\alpha\bar\beta+\bar\alpha\beta\ (|\alpha|+|\beta|)^2=|\alpha|^2+2|\alpha||\beta|$ $+|\beta|^2=\alpha\bar\alpha+\beta\bar\beta+2|\alpha\beta|$ よって $\alpha\bar\beta+\bar\alpha\beta\leqq 2|\alpha\beta|$ を示せばよい. それには $(\alpha\bar\beta+\bar\alpha\beta)^2\leqq 4\alpha\beta\,\bar\alpha\bar\beta$ を示せばよい. それには $(\alpha\bar\beta-\bar\alpha\beta)^2\leqq 0$ を示せばよい. $\alpha\bar\beta-\bar\alpha\beta=z$ とおいてみると $\bar z=\bar\alpha\beta-\alpha\bar\beta=-z$ となるから, z は 0 または純虚数である. $\therefore\ z^2\leqq 0$ は正しい.

69. g 上の任意の点を $P(z)$ とすると

$\overrightarrow{AP}=z-\alpha$ は $\overrightarrow{OA}=\alpha$ に垂直だから

$z-\alpha=\alpha\cdot ti$ $\therefore\ z=\alpha+\alpha ti$ $(t\in\boldsymbol{R})$

これが実変数のパラメーター t で表わした方程式である.

t を消去してみる. 共役方程式を作ると, $\bar z=\bar\alpha-\bar\alpha ti$ これともとの式とから t を消去すれば $\bar\alpha z+\alpha\bar z=2\alpha\bar\alpha,$

両辺を $\alpha\bar{\alpha}$ でわって　$\dfrac{z}{\alpha}+\dfrac{\bar{z}}{\bar{\alpha}}=2$.

70. $\mathrm{AC}=\mathrm{AP}=\mathrm{AB}\cdot k$

$\angle\mathrm{BAC}=\theta$ とおくと　$\angle\mathrm{BAP}=-\theta$

$\qquad\overrightarrow{\mathrm{AB}}=\beta-\alpha,\ \overrightarrow{\mathrm{AC}}=\gamma-\alpha,\ \overrightarrow{\mathrm{AP}}=z-\alpha$

$\qquad\therefore\ z-\alpha=(\beta-\alpha)k(\cos\theta-i\sin\theta)$　　　　①

$\qquad\gamma-\alpha=(\beta-\alpha)k(\cos\theta+i\sin\theta)$　　　　②

② の共役の等式は

$\qquad\bar{\gamma}-\bar{\alpha}=(\bar{\beta}-\bar{\alpha})k(\cos\theta-i\sin\theta)$　　　　③

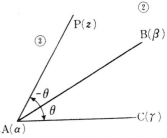

① と ③ から k,θ を消去すると

$\qquad(\bar{\beta}-\bar{\alpha})(z-\alpha)=(\beta-\alpha)(\bar{\gamma}-\bar{\alpha})$

これを z について解いて

$$z=\frac{(\beta-\alpha)\bar{\gamma}+\alpha\bar{\beta}-\bar{\alpha}\beta}{\bar{\beta}-\bar{\alpha}}$$

71. 一般に，① と ①－② すなわち ③ とは同値でない．したがって ④ は ① の必要条件に過ぎないから，十分条件かどうか吟味しなければならない．　④ を ① に代入してみると

$\qquad z+\alpha\bar{z}=(1-\alpha)h+\alpha(1-\bar{\alpha})h=(1-\alpha\bar{\alpha})h=(1-|\alpha|)h=0\quad\therefore\ h=0$

$\therefore\ z=0$，① の解は $z=0$ だけ．したがって h が任意の実数のとき，$z=(1-\alpha)h$ がすべて解であるというのは誤り．

72. (1)　$ac+bd=0$

　$\mathrm{OA}\perp\mathrm{OB}$ ならば　$a+bi=(c+di)ki\ (k\in\boldsymbol{R})\ \therefore\ a+dk=0,\ b-ck=0$ これらの 2 式から k を消去して $ac+bd=0$.

(2)　$\alpha=a+bi,\ \bar{\alpha}=a-bi,$ から $a=\dfrac{\alpha+\bar{\alpha}}{2},\ b=\dfrac{\alpha-\bar{\alpha}}{2i}$　同様にして　$c=\dfrac{\beta+\bar{\beta}}{2},$

$d=\dfrac{\beta-\bar{\beta}}{2i}$

これらを $ac+bd=0$ に代入すると

$$\frac{\alpha+\bar{\alpha}}{2}\cdot\frac{\beta+\bar{\beta}}{2}+\frac{\alpha-\bar{\alpha}}{2i}\cdot\frac{\beta-\bar{\beta}}{2i}=0\quad\therefore\ \alpha\bar{\beta}+\bar{\alpha}\beta=0$$

(3)　$\mathrm{A}(\alpha),\ \mathrm{B}(\beta),\ \mathrm{C}(\gamma),\ \mathrm{D}(\delta)$ とおく．

$\overrightarrow{\mathrm{AC}}=\gamma-\alpha,\ \overrightarrow{\mathrm{BD}}=\delta-\beta$ が垂直である条件は(2)によって

$\qquad(\gamma-\alpha)(\bar{\delta}-\bar{\beta})+(\bar{\gamma}-\bar{\alpha})(\delta-\beta)=0\quad(\gamma-\alpha)(\bar{\delta}-\bar{\beta})+(\bar{\gamma}-\bar{\alpha})(\delta-\beta)=0$

$\qquad|\alpha|=|\beta|=|\gamma|=|\delta|=1$ から　$\alpha\bar{\alpha}=\beta\bar{\beta}=\gamma\bar{\gamma}=\delta\bar{\delta}=1$

$$\therefore\ \bar{\alpha}=\frac{1}{\alpha},\ \bar{\beta}=\frac{1}{\beta},\ \bar{\gamma}=\frac{1}{\gamma},\ \bar{\delta}=\frac{1}{\delta}$$

これらを上の式に代入して

$$\frac{(\gamma-\alpha)(\beta-\delta)}{\beta\delta}+\frac{(\alpha-\gamma)(\delta-\beta)}{\alpha\gamma}=0$$

$$(\gamma-\alpha)(\beta-\delta)(\alpha\gamma+\beta\delta)=0 \quad \therefore \quad \alpha\gamma+\beta\delta=0$$

(4) 2点 z^a, z^b を結ぶ対角線と2点 z^c, z^d を結ぶ対角線が直交したとすると，(3) によって

$$z^a z^c + z^b z^d = 0 \quad \therefore \quad z^{a+c} + z^{b+d} = 0$$
$$\therefore \quad z^{a+c-b-d} = -1 \quad \text{両辺を } n \text{ 乗すれば,}$$

n は奇数だから $(z^n)^{a+c-b-d}=-1$ $z^n=1$ だから $1=-1$ 矛盾

73. Oを原点にとり，定円Oの半径を1とする．A, B, C, D の座標を $\alpha, \beta, \gamma, \delta$ とおくと，△ABC の九点円の方程式は

$$z = \frac{\alpha+\beta+\gamma}{2} + \frac{t_1}{2}$$

すなわち $\left| z - \dfrac{\alpha+\beta+\gamma}{2} \right| = \dfrac{1}{2}$

この方程式で $z = \dfrac{\alpha+\beta+\gamma+\delta}{2}$ とおくと

左辺 $= \left| \dfrac{\delta}{2} \right| = \dfrac{|\delta|}{2} = \dfrac{1}{2}$ となって，成り立つ．よって $\dfrac{\alpha+\beta+\gamma+\delta}{2}$ を座標に

もつ点を P とすると，△ABC の九点円は P を通る．同様にして他の九点円も P を通るから，4つの円は P で交わる．

74. $A(\alpha)$, $B(\beta)$, $C(\gamma)$ とおくと $\overrightarrow{AB}=\beta-\alpha$ と $\overrightarrow{AC}=\gamma-\alpha$ とは同じ直線上にあるから

$$\beta-\alpha=(\gamma-\alpha)k \quad (k \text{ は実数})$$

共役方程式は $\bar{\beta}-\bar{\alpha}=(\bar{\gamma}-\bar{\alpha})k$

2式から k を消去すると $(\beta-\alpha)(\bar{\gamma}-\bar{\alpha})-(\gamma-\alpha)(\bar{\beta}-\bar{\alpha})=0$

かきかえると $\bar{\alpha}(\beta-\gamma)+\bar{\beta}(\gamma-\alpha)+\bar{\gamma}(\alpha-\beta)=0$

75. $4\{(x-3)^2+y^2\}=9\{(x+2)^2+(y-5)^2\}$

これをかきかえる．

$$(x+6)^2+(y-9)^2=72$$

中心 $(-6,9)$，半径 $6\sqrt{2}$ の円．

76. ① を a，② を b として方程式を作る．

$$r_1^2=(x-a)^2+(y-1)^2 \qquad r_2^2=(x+1)^2+(y-b)^2$$
$$x^2+y^2+\frac{8+2a}{3}x+\frac{2-8b}{3}+\frac{3+4b^2-a^2}{3}=0$$

中心の x 座標から $-\dfrac{4+a}{3}=-\dfrac{7}{3}$，これを解いて $a=3$，AB を 2:1 に内分する点の y 座標から

$$\frac{2b+1}{3}=\frac{5}{3} \quad \therefore \quad b=2$$

答 ① 3 ② 2 ③ −3 ④ −1 ⑤ 1 ⑥ −2 ⑦ 7 ⑧ −14 ⑨ 10 ⑩ 7 ⑪ 1 ⑫ −5 ⑬ 3

77. it について解いて $\quad \dfrac{z-1}{z+1}=it \quad (z \neq -1)$

公式で $\lambda = i = \cos\dfrac{\pi}{2} + i\sin\dfrac{\pi}{2}$, $\alpha = -1$, $\beta = 1$ の 場合 であるから, 2点 $-1, 1$ を結ぶ線分を直径とする円. ただし -1 は除かれる.

78. z について解いてみよ.

(1) $\dfrac{w+3}{w-1}=z \qquad \therefore \quad \dfrac{|w+3|}{|w-1|}=1$

2点 $1, -3$ を結ぶ線分の垂直二等分線であるから, 点 -1 を通り虚軸に平行な直線を表わす.

(2) $\dfrac{-wi-2}{2w-2}=z, \quad \dfrac{w-2i}{w-1}=2iz \qquad \therefore \quad \dfrac{|w-2i|}{|w-1|}=2$

2点 $2i, 1$ からの距離の比が $2:1$ に等しい点の軌跡だから, 求める図形はアポロニュースの円である.

79. 点 z は 2点 α, β を結ぶ線分を $1 : t^2$ に外分する点であるから, この線分の延長上を運動する.

80. λ^2 について解くと

$$\dfrac{z-\beta}{z-\alpha}=\lambda^2 \qquad \therefore \quad \dfrac{|z-\beta|}{|z-\alpha|}=|\lambda^2|=|\lambda|^2=1$$

2点 α, β を結ぶ線分の垂直二等分線上を運動する.

著者紹介：

石谷　茂（いしたに・しげる）

大阪大学理学部数学科卒

主　書　初めて学ぶトポロジー
　　　　大学入試　新作数学問題 100 選
　　　　∀と∃に泣く
　　　　$\varepsilon - \delta$ に泣く
　　　　Max と Min に泣く
　　　　Dim と Rank に泣く
　　　　2 次行列のすべて
　　　　入門入門群論
　　　　エレガントな入試問題解法集　上・下
　　　　数学の本質をさぐる 1　集合・関係・写像・代数系演算・位相・測度
　　　　数学の本質をさぐる 2　新しい解析幾何・複素数とガウス平面
　　　　数学の本質をさぐる 3　関数の代数的処理・古典整数論
　　　　初学者へのひらめき実例数学

（以上 現代数学社）

高みからのぞく大学入試数学　下巻　現代数学の序開

2023 年 12 月 21 日　　初版第 1 刷発行

著　者　　　石谷　茂
発行者　　　富田　淳
発行所　　　株式会社　現代数学社
　　　　　　〒 606−8425 京都市左京区鹿ヶ谷西寺ノ前町 1
　　　　　　TEL 075 (751) 0727　FAX 075 (744) 0906
　　　　　　https://www.gensu.co.jp/
装　幀　　　中西真一（株式会社 CANVAS）

印刷・製本　　山代印刷株式会社

ISBN 978-4-7687-0625-1　　　　　　　　　2023　Printed in Japan